新思维
计算机教育系列教材

全 国 职 业 技 术 教 育 规 划 教 材
国家教育部计算机应用岗位考试指定用书

PowerPoint幻灯片制作
实训教程

U0116229

主　编　史德芬
副主编　杨剑云　史清志

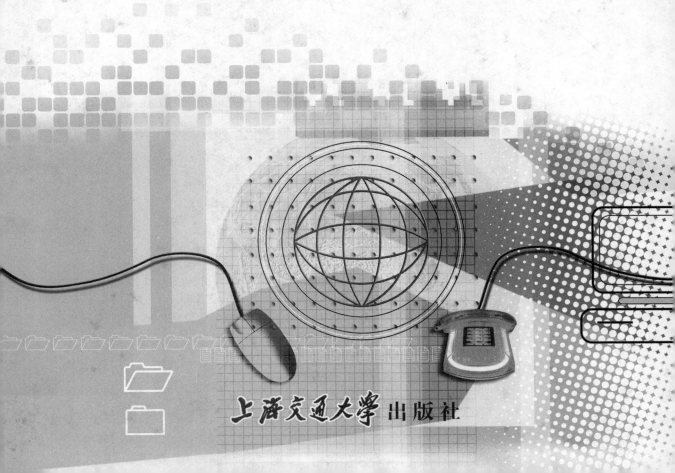

上海交通大学出版社

内 容 提 要

　　本书共分8章,内容包括中文 PowerPoint 2007 概述、演示文稿的基本操作、图形对象的插入与编辑、插入和编辑多媒体对象、设置演示文稿的外观、设置演示文稿的动态效果、放映幻灯片、打印输出演示文稿等。

　　本书可以作为大中专院校相关专业学生的培训教材,也可以供广大幻灯片爱好者和专业动画设计人员参考使用。

图书在版编目(CIP)数据

PowerPoint 幻灯片制作实训教程/史德芬主编. —上海:上海交通大学出版社,2011
ISBN 978 – 7 – 313 – 06887 – 3

Ⅰ.①P… Ⅱ.①史… Ⅲ.①图形软件,PowerPoint – 教材 Ⅳ.①TP391.41

中国版本图书馆 CIP 数据核字(2010)第 201006 号

PowerPoint 幻灯片制作实训教程
史德芬 主编
上海交通大学出版社出版发行
(上海市番禺路951号 邮政编码 200030)
电话:64071208 出版人:韩建民
安徽新华印刷股份有限公司印刷 全国新华书店经销
开本:787mm×1092mm 1/16 印张:15 字数:371 千字
2011 年 1 月第 1 版 2011 年 1 月第 1 次印刷
印数:1~6050
ISBN 978 – 7 – 313 – 06887 – 3/TP 定价:24.00 元

前　　言

PowerPoint 2007 是微软公司最新推出的系列办公套装软件之一,是用于帮助用户设计制作出集文字、图形、图像、声音以及视频剪辑等多媒体元素于一体的演示文稿软件,利用该软件制作的演示文稿可以通过计算机屏幕或投影机播放,还可以在互联网上召开面对面会议,远程合作或在网上给观众展示其优秀成果。

本书的重点是培养读者的具体实践能力,为了让用户看有所想、学有所得,帮助其在较短的时间内掌握 PowerPoint 2007 的强大功能和操作方法,特组织资历高深的一线专家从用户的实践能力出发来策划此书,在编写时主要以实训的讲解模式,将知识点细分成块,以具体的实例详细介绍相关知识与技巧,使读者能够更好地把握每章所讲解的内容,达到融会贯通的目的。

本书特色:

❖ 结构安排合理。在结构安排上由浅入深,采用全程图解的方式进行编写,实行图文结合。

❖ 内容丰富新颖。为了更加清晰地介绍本书内容,在策划编写时采用分块介绍相关知识的模式,一个操作实训就代表着一个知识点。安排时从实训的目的和实训的具体任务出发,讲解完成实训任务需要掌握的预备知识,然后介绍实训操作的具体步骤,最后还安排有拓展练习,按照有因有果的结构进行。

❖ 语言通俗易懂。书中语言叙述简洁、准确,读者可以很容易就理解其中的知识,不仅适合课堂教学,也适合读者自学使用。

❖ 实例代表性强。本书所讲解的实例都选自实际工作中,参考价值较高,实用性强,内容不空洞,使读者学有所用、用有所获。在大量穿插相关知识点讲解的同时,还插入一些操作小技巧。

❖ 版式活泼新颖。为了丰富用户的眼球,防止眼部疲劳,在每个实训的操作过程中还安排有“大视野”、“小资料”、拓展练习等栏目,在介绍理论的同时注重上机操作,使读者学以致用,在实践中熟练掌握相关知识。

本书在编写策划时强调适度的理论知识,侧重读者的实际操作,所以在第 9 章中,为读者安排了相关的综合实例,以帮助读者巩固所学的知识。

本书语言通俗易懂,选材全面,编排讲究,利用图形作为辅助工具,介绍了一些典型实例,并配有详细的操作步骤,以更加便捷的操作模式引导用户制作出图文并茂、声形兼备的演示文稿。

　　本书由中国计算机函授学院史德芬主编,河南中医学院期刊编辑部杨剑云编辑和河南航空航天学院史清志老师任副主编,其中史德芬编写了第1、第2、第3、第9章,杨剑云编写了第4、第5章,史清志编写了第6、第7、第8章。

　　由于编者水平有限,书中疏漏与不足之处,恳请使用本教材的师生、专家和广大读者批评指正。

编　者

2010 年 8 月

目　　录

I

1

PowerPoint 2007基础概述

本章重点

▲ PowerPoint 2007的工作界面与以往版本的区别

▲ 演示文稿视图模式的切换

▲ PowerPoint 2007幻灯片的插入、删除

　　工欲善其事，必先利其器，当我们想出色地完成诸如论文讲演、方案论证、计划总结等工作任务时，就需要熟练地掌握PowerPoint 2007演示文稿和幻灯片的制作方法与技巧。

1.1　PowerPoint 2007 界面简介

PowerPoint 2007 是微软公司最新推出的系列办公套装软件之一,与以前的版本相比,其界面发生了很大的变化,采用了一种全新的用户界面。新界面使用称为"功能区"的标准区域来代替早期版本中的多层菜单和工具栏。用户在选择工具时,只需要选择相应的选项卡就可以很快地查找到所需要的命令按钮,极大地节省了设计时间。

1.1.1　PowerPoint 2007 的启动与退出

1.1.1.1　启动 PowerPoint 2007

使用任何软件都需要安装程序的支持,PowerPoint 2007 也不例外。当用户安装好 Microsoft Office 2007 办公软件以后,只需要单击"开始"按钮,选择"所有程序/Microsoft Office/Microsoft Office PowerPoint 2007"选项(见图 1 – 1),即可启动 PowerPoint 2007,并进入 Power-Point 2007 的工作界面窗口。

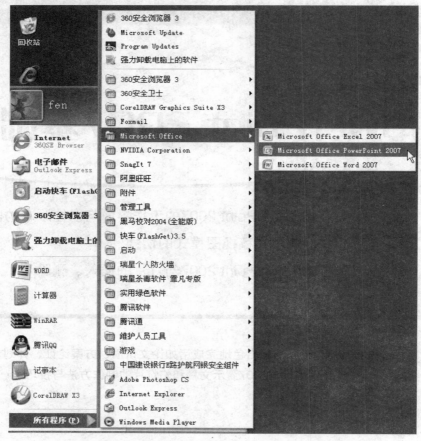

图 1 – 1　启动 Microsoft Office PowerPoint 2007

1.1.1.2 **退出** PowerPoint 2007

当用户不再需要使用 PowerPoint 2007 软件时就可以选择退出,以免占用系统资源。退出 PowerPoint 2007 窗口界面有两种方法:一种方法是单击 PowerPoint 2007 窗口标题栏右上角的"关闭"按钮 ☒ ;另一种方法是单击标题栏最左边的"Office 按钮" ,在弹出的菜单中选择"关闭"命令。

 "Office 按钮" 是 PowerPoint 2007 新增的功能按钮,位于窗口的左上角。单击"Office 按钮",将弹出 Office 菜单,此菜单中包含了一些常见的命令,如"新建"、"打开"、"保存"、"打印"和"发布"等,如图 1 - 2 所示。

图 1 - 2　Office 下拉菜单

:在退出演示文稿时,如果对演示文稿进行了修改但没进行保存操作,直接退出时,系统会自动弹出一个"Microsoft Office PowerPoint"对话框,询问用户是否对当前修改的演示文稿进行保存,如图 1 - 3所示。

图 1 - 3　系统提示对话框

单击"是"按钮,系统会保存修改后的演示文稿并执行关闭操作;单击"否"按钮,则系统将不保存用户修改的内容,直接退出演示文稿;单击"取消"按钮,则系统会重新进入演示文稿的编辑状态,而不进行任何操作。

1.1.2 界面简介

当 PowerPoint 2007 启动操作完成后,屏幕上将出现 PowerPoint 2007 的初始化操作界面,此界面主要由 Office 按钮、标题栏、快速访问工具栏、功能区、幻灯片/大纲窗格、备注窗格、幻灯片编辑区和状态栏等元素组成,如图 1-4 所示。用户接下来要进行的所有有关幻灯片的操作,所创建的演示文稿都将在此界面中完成。

图 1-4 "PowerPoint 2007"工作界面

1.1.2.1 标题栏

在 PowerPoint 2007 的初始界面中,标题栏位于窗口的顶端(默认是浅蓝色),用于显示快速访问工具栏、当前编辑的演示文稿的名称,标题栏的右端显示的是 PowerPoint 2007 演示文稿的最小化、最大化和关闭按钮,如图 1-5 所示。

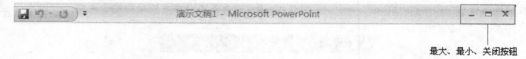

图 1-5 标题栏

双击标题栏可使窗口在最大化与原大小之间切换;单击 Windows 任务栏上的 Power-Point 窗口按钮,可使窗口在最小化与原大小之间切换。

1.1.2.2 快速访问工具栏

"快速访问工具栏" 是 PowerPoint 2007 新增的一个功能,位于"Office 按钮"旁边,是一个可自定义的快速访问工具栏,如图 1－6 所示。在进行具体的演示文稿设计时,就可以在此工具栏中寻找所需要的命令,而不必再次打开相应的对话框启动器,或者相应的对话框,这样就可以很大程度上的减少设计时间。一般来讲,该工具栏中的命令按钮不会动态变换。

图 1－6　自定义快速访问工具栏

1.1.2.3 功能区

微软公司对 PowerPoint 2007 做了全新的用户界面设计,最大的创新就是改变原来的下拉式菜单,将菜单栏和工具栏设计为一个包含各种按钮的、全新的功能区命令组,将最常用的命令集中在此功能区中,如图 1－7 所示。

图 1－7　"开始"选项卡

大视野　　在 PowerPoint 2007 中,根据用户当前操作对象的不同,系统自动显示一个动态命令选项卡,该选项卡中的所有命令都和当前用户操作的对象相关。例如,当用户选择幻灯片中的一张图片后,在功能区中会自动产生一个粉色高亮显示的"图片工具"动态命令标签。在此动态命令选项卡中,用户可以看到许多与选定对象有关的操作命令,如图 1－8 所示。

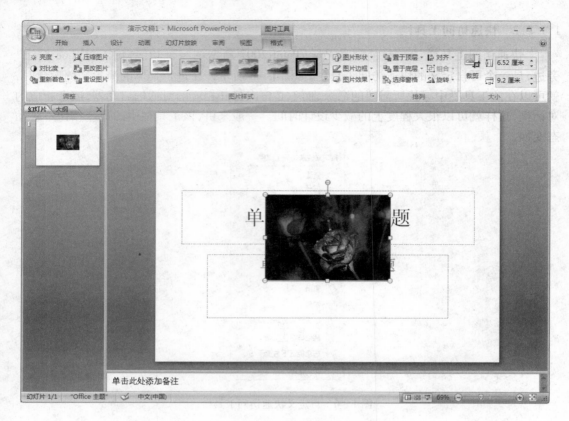

图1-8　图片工具动态命令标签

小资料：在PowerPoint 2007用户界面的选项卡中，如果用户找不到所需要的命令，可以通过对话框启动器打开对话框选择相应的命令。例如，"字体"对话框启动器位于字体选项组右边，如图1-9所示。

图1-9　"字体"对话框启动器

1.1.2.4　幻灯片编辑区

幻灯片编辑区是当前窗口所显示的一张白纸。在此幻灯片编辑区中，用户可以对幻灯片进行输入、编辑、修改、排版和浏览等操作。幻灯片编辑区占据了整个PowerPoint 2007窗口最主要的部分，这个区域是由滚动条、标尺、视图模式按钮和文本组成。

1.1.2.5　状态栏

状态栏位于窗口的底部，用于显示当前正在编辑的幻灯片的信息，其中包括幻灯片的页数、字数、拼写检查、语言、插入与改写状态、视图切换铵钮和显示比例等内容，用户可以在这里快速地查看当前幻灯片的详细情况。

1.1.2.6　幻灯片编辑窗口

"幻灯片编辑"窗口用于显于和编辑幻灯片,是整个演示文稿的核心工作区,幻灯片信息的组织都在这里完成,可以说是一个编辑加工厂。幻灯片编辑工作区的右下角为用户提供了一个可以放大或缩小演示文稿大小的拖动条,如图 1 – 4 中所示的显示比例部分,用于帮助用户可视化地把演示文稿调整到合适的位置。

1.1.2.7　幻灯片/大纲窗格

"幻灯片/大纲"窗格位于"幻灯片编辑"窗口的左侧,用于显示演示文稿的幻灯片数量及位置。

1.1.2.8　备注窗格

"备注"窗格位于"幻灯片编辑"窗口的下方,其作用是:为演讲者提供查阅该幻灯片的信息以及在播放演示文稿时在幻灯片中添加说明和注释。

1.2　创建"产品"演示文稿

演示文稿是由 PowerPoint 生成的文档,表现为多张内容相联而结构独立的画面,这些画面包含文本、图表、图形、剪贴画和其他艺术效果,被称为幻灯片。幻灯片是演示文稿的核心部分,一个完整的演示文稿是由多张幻灯片组合而成的,每张幻灯片都是演示文稿中既相互独立又相互联系的内容,是用户用来表达信息的载体。

1.2.1　实训目的

演示文稿实际上是由多张幻灯片组成的,用来表达信息的一种动态方式。学习 Power-Point 2007 就要学会如何创建演示文稿,以实现心中的所想所得。在这个实训中,将以创建"产品"演示文稿为例,说明 PowerPoint 2007 演示文稿的新建、保存等相关知识。

1.2.2　实训任务

为了方便对演示文稿的学习,也让用户对幻灯片有一个更加清晰的认识,在这里将会引用一个实例,让用户先来感受一下幻灯片的功能和作用。本此实训的任务是创建名为"产品"的演示文稿,要求用户学会如何新建、保存、打开、关闭演示文稿的相关操作。

1.2.3　预备知识

1.2.3.1　新建 PowerPoint 2007 演示文稿

启动 PowerPoint 2007 后,单击"Office 按钮",在弹出的下拉列表中执行"新建"命令(见图 1 – 10),系统弹出"新建演示文档"对话框。在该对话框中选择"空白演示文稿"选项,然后执行"创建"命令(见图 1 – 11),即可新建一个空白演示文稿。

PowerPoint幻灯片制作实训教程

图1-10 执行"新建"命令

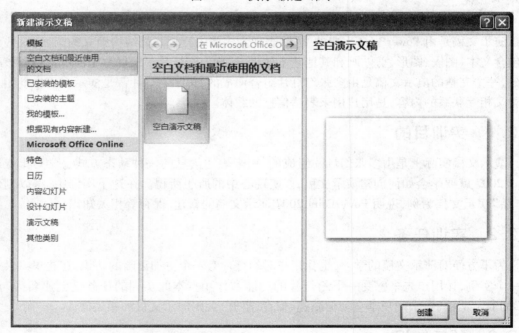

图1-11 通过Office按钮新建演示文稿窗口

小资料：在PowerPoint 2007中，为了使用户能更加方便、快捷地创建演示文稿，特提供了一些常用模板。用户可以在"新建演示文稿"对话框中选择"已安装的模板"选项来创建带模板的演示文稿，如图

1 – 12所示。

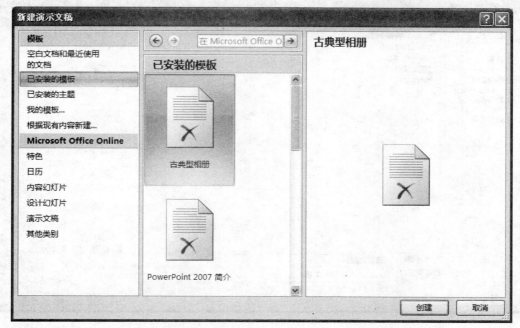

图 1 – 12　选择"已安装的模板"选项

1.2.3.2　**保存** PowerPoint 2007 **演示文稿**

对演示文稿进行编辑后,可以执行"Office 按钮" /"保存"命令,或单击快速访问工具栏中的"保存"按钮,或按 < Ctrl + S > 组合键,在弹出的"另存为"对话框中设置保存演示文稿的位置和名称。

1.2.3.3　**打开** PowerPoint 2007 **演示文稿**

如果需要打开已经存在的演示文稿,用户只需双击扩展名为. pptx 的演示文稿,系统会自动启动 PowerPoint 2007 并打开该演示文稿;如果已经启动 PowerPoint 2007,用户还可以通过单击"Office 按钮",从下拉菜单中执行"打开"命令;或者单击快速访问工具栏中的"打开"按钮,在弹出的"打开"对话框中选择所需要打开的演示文稿,单击"确定"按钮,即可完成所需要的打开操作。

1.2.4　实训步骤

(1)启动 PowerPoint 2007。

(2)进入 PowerPoint 2007 工作界面后,系统会自动创建一个名为"演示文稿 1"的空白演示文稿,用户可以对这个空白演示文稿进行操作,也可以单击"Office"按钮,在下拉菜单中选择"新建"命令,或按组合键 < Ctrl + N >,重新创建一个新的"产品"演示文稿。

(3)当"产品"演示文稿的相关信息创建完成以后,可以单击快速访问工具栏中的"保存"按钮,或按 < Ctrl + S > 组合键,系统将弹出"另存为"对话框(见图 1 – 13),此时保存的是文件类型为 PowerPoint 程序文件。

图1-13 "另存为"对话框

PowerPoint 2007 采用了全新的开放式 XML 技术,称作 OpenXML 格式,其默认保存演示文稿的扩展名是.pptx,其实是一个压缩包文件。在该.pptx 文件中,包含了该文档的文字、图片、格式设置等信息,并且这些信息都以独立文件的形式被压缩打包装进了该.pptx 文件的压缩包中。

对于已经存在的演示文稿,在对其进行重新修改后,为了与原文稿进行区别,用户可以通过执行"另存为"命令,将修改后的演示文稿以另一个名字进行保存,这样原有的演示文稿仍然存在,也不会丢失。

（4）在系统弹出的"另存为"对话框中,用户可以在"保存在"列表中选择"产品"演示文稿保存的位置,在"文件名"文本框中输入"产品",然后单击"保存"按钮,即可完成创建"产品"演示文稿的操作。

（5）通过上一个步骤,完成对"产品"演示文稿的创建操作后,用户可以通过单击 PowerPoint 2007 窗口标题栏右上角的"关闭"按钮,关闭已经创建好的"产品"演示文稿,以方便下次使用。

（6）对于已经创建好的"产品"演示文稿,如果是处于关闭状态,而用户需要修改已存在的信息时,可单击"Office 按钮",从列表框中执行"打开"命令或单击快速访问工具栏中的"打开"选项,系统弹出如图1-14 所示的对话框。

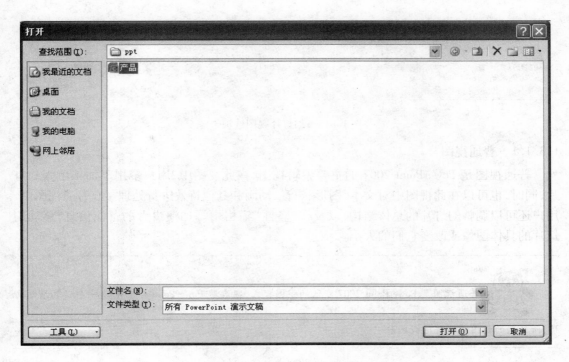

图1-14 "打开"对话框

（7）在该对话框中，可以在查找范围列表中选择演示文稿保存的位置，然后选择需要打开的文稿，单击"打开"按钮，即可打开演示文稿，并进行相应的修改操作。

1.2.5　拓展练习

以"环保"为主题，创建一个有关"环境保护"的简单演示文稿，练习演示文稿的创建、保存、打开等操作。

1.3　PowerPoint视图模式的切换

在演示文稿制作的不同阶段，PowerPoint 2007都为用户制作精美的作品提供了不同的工作环境，被称为视图。所谓的视图模式指的是浏览演示文稿的方式，用户可以根据视图模式的特点，为制作不同的演示文稿选择一个最佳的视图显示效果，以更加方便的方式浏览或编辑演示文稿，实现所需要的各种操作。

PowerPoint 2007为用户提供了普通视图、幻灯片浏览视图、幻灯片放映视图、备注视图四种视图方式，在不同的视图模式下可以进行不同的操作。

1.3.1　视图模式简介

"视图"选项卡中的内容如图1-15所示。

图1-15　幻灯片视图选项卡

1.3.1.1　普通视图

普通视图是 PowerPoint 2007 的主要编辑视图,在此视图中,用户多用于加工单张幻灯片,同时,也可以在此视图中对文本、图形、声音、动画和其他特效进行处理。在普通视图中,用户还可以调整幻灯片的总体结构,以及在"备注"窗格中添加演讲者的备注信息,移动幻灯片的具体图像或改变它们的大小。

　普通视图是 PowerPoint 2007 默认的视图模式,在启动 PowerPoint 后会创建一个新的演示文稿,所见到的视图都是普通视图。

普通视图主要由"幻灯片/大纲"窗格、"幻灯片"编辑窗格及"备注"窗格三个工作区组成:左边是幻灯片文本的"大纲"窗格或以缩略图显示的"幻灯片"窗格;右边是幻灯片窗格,用来显示当前编辑的幻灯片信息,是一个较大的视图;底部是备注窗格,可以对当前编辑的幻灯片添加一些注释信息。"产品"演示文稿的普通视图模式如图1-16所示。

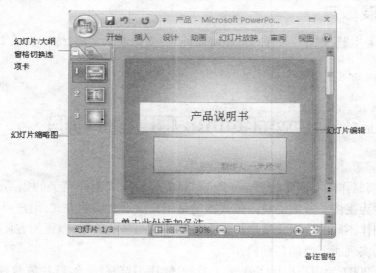

图1-16　普通视图模式

:在普通视图"幻灯片/大纲窗格"切换选项卡内,用户能更加方便、快捷地实现幻灯片与大纲窗格之间的相互转换,只需要单击"幻灯片"或"大纲"选项卡就可以实现显示幻灯片或幻灯片文本大纲的缩略图,如图1-17所示。

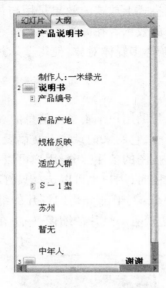

图1-17 大纲窗格

1.3.1.2 幻灯片浏览视图

在幻灯片浏览视图中,用户可以看到整个演示文稿的全部效果。所有的幻灯片均按比例缩小并排显示在在屏幕上,如图1-18所示。用户可以在该视图模式下重新排列幻灯片的显示顺序,修改整个演示文稿的背景效果,设置每张幻灯片在播放时的切换速度。同时,在此视图模式下,用户还可以通过鼠标对幻灯片重新进行插入、删除和移动等操作,但不能对演示文稿的具体内容进行重新编辑。

图1-18 幻灯片浏览视图模式

1.3.1.3   幻灯片放映视图

在幻灯片放映视图模式下,幻灯片占据整个计算机屏幕,以全屏方式动态地显示每张幻灯片的效果。在幻灯片放映视图模式上放映的效果是用户最终将要看到的实景,也就是将来制成胶片后用幻灯机放映出来的效果。在此视图模式下,用户可以给幻灯片中的对象设置动画效果,或者插入声音和视频等多媒体对象,使得演示过程更加生动,更能够吸引观众的兴趣。

1.3.1.4   幻灯片备注视图

备注页视图是系统提供用来帮助用户编辑备注信息的。演示文稿的每张幻灯片中都有一个称为备注页的特殊类型输出页,它用来记录演示文稿设计者的提示信息和注解,以便演讲者在演示过程中使用。备注页视图的备注部分,用户可以有自己的方案,它与演示文稿的配色方案彼此独立。打印演示文稿时,用户也可以选择只打印备注页部分。

备注页视图可以分为两个部分:上半部分是幻灯片的缩小图像,下半部分是文本预留区。用户可以在这个视图中,一边观看幻灯片的缩像,一边在文本预留区内输入幻灯片的备注内容,如图1-19所示。

图1-19   幻灯片备注视图

1.3.2   实训步骤

(1)在不同的视图中对文稿进行的不同加工都会反映到其他视图中。为了更直观地修改演示文稿,用户可以通过切换演示文稿的视图模式。以"产品"演示文稿为例,切换的方法为:打开上一节中所创建的"产品"演示文稿,其最初的视图为普通视图模式。

在"产品"演示文稿大纲窗格中,用户可以通过修改大纲缩略图中的文字,实现修改幻灯片编辑区中相应文字的效果。例如,修改"产品"演示文稿中的产品编号,可在幻灯片编辑区中看到相应的产品编号也随之改变,如图1-20所示。

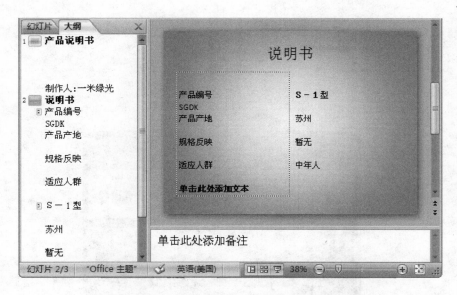

图1-20 "产品"演示文稿的大纲窗格

（2）为了查看"产品"演示文稿的整体效果，可以单击功能区"视图"选项卡"演示文稿视图"组中的"幻灯片浏览"按钮，将"产品"演示文稿从普通视图模式切换到幻灯片浏览视图模式，效果如图1-21所示。

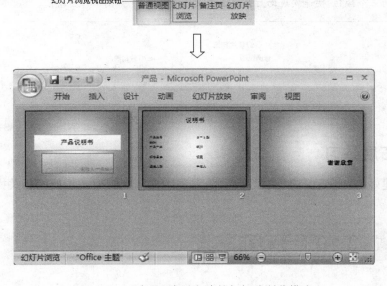

图1-21 "产品"演示文稿的幻灯片浏览模式

（3）当"产品"演示文稿的相关信息创建完成以后，可以通过幻灯片浏览视图模式查看效果，单击功能区"视图"选项卡"演示文稿视图"组中的"幻灯片放映"按钮，将"产品"演示文稿从幻灯片浏览视图模式切换到幻灯片放映视图模式，即可观看演示文稿最终的效果，如图1-22所示。

图1－22　"产品"演示文稿的幻灯片放映模式

:在 PowerPoint 2007 演示文稿的普通视图模式下,用户可以通过单击屏幕左下角的视图模式按钮组中的三个按钮,快速实现幻灯片视图模式的切换操作,如图1－23所示。

图1－23　视图模式切换按钮

1.3.3　拓展练习

打开创建好的"环境保护"演示文稿,练习演示文稿视图模式切换的相关操作。

1.4　编辑幻灯片

在 PowerPoint 2007 中,演示文稿和幻灯片是两个概念。使用 PowerPoint 制作出来的整个文件为演示文稿,而演示文稿中的每一页称为幻灯片。每张幻灯片都是演示文稿中既相互独立又相互联系的内容,也就是说,演示文稿是有多张幻灯片组合而成的,所以对演示文稿的编辑就是对幻灯片的编辑。在对幻灯片进行编辑操作时,用户可以选定、插入、删除、复制和移动幻灯片。

1.4.1 新建幻灯片

在启动 PowerPoint 2007 后,PowerPoint 会自动建立一张新的幻灯片,随着制作过程的推进,需要用户在演示文稿中添加更多的幻灯片。要添加新幻灯片,可以单击"开始"选项卡,在功能区的"幻灯片"组中单击"新建幻灯片"按钮,即可在原有幻灯片的基础上添加 1 张默认版式的幻灯片,如图 1–24 所示。

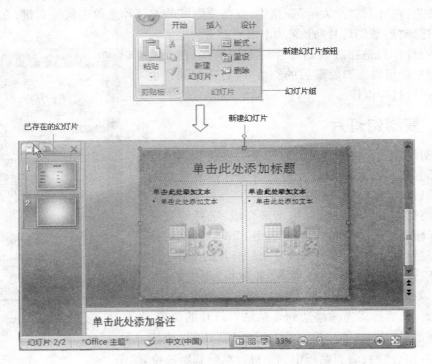

图 1–24 新建 PowerPoint 2007 幻灯片

在"幻灯片"窗格中选择某张幻灯片,按 Enter 键将在此幻灯片下方添加 1 张默认版式的幻灯片;按 <Ctrl + M> 键也可以在当前幻灯片的下方添加 1 张新的幻灯片。插入幻灯片的插入点可以在第 1 张幻灯片前,也可以在两张幻灯片中间,还可以在最后 1 张幻灯片之后。

1.4.2 选定幻灯片

在 PowerPoint 2007 中,用户可以选中一张或多张幻灯片。

选择单张幻灯片,无论是在普通视图还是在幻灯片浏览模式下,只需要单击幻灯片,即可将其选中。

选择编号相连的多张幻灯片,首先需要单击起始编号的幻灯片,然后按住 Shift 键,再单击结束编号的幻灯片,此时将会有多张幻灯片被同时选中。

选择编号不相连的多张幻灯片,需要先按住 Ctrl 键,再依次单击需要选择的幻灯片,被单击的幻灯片将同时选中。如果在按住 Ctrl 键的同时,再次单击已被选中的幻灯片,则选中的幻灯片将被取消选择,成为未选中状态。

1.4.3 隐藏幻灯片

在幻灯片放映时,有时需要将某张幻灯片暂不放映,这时用户可以执行幻灯片的隐藏操作,其方法为:在"幻灯片/大纲"窗格中,在需要隐藏的幻灯片上单击鼠标右键,在弹出的快捷菜单中选择"隐藏幻灯片"命令,如图 1 - 25 所示。

隐藏幻灯片只是在放映幻灯片时不放映,但在普通视图中,用户仍可以编辑隐藏后的幻灯片,打印时同样也可以对它进行打印操作。

1.4.4 复制幻灯片

复制幻灯片就是将原有的幻灯片变为多份相同的内容放在不同的位置,复制幻灯片需要首先选择要复制的幻灯片,然后将其粘贴到目标位置。

复制幻灯片可以通过鼠标拖动来完成,选择幻灯片后,将光标移动到选定的幻灯片上,按住 Ctrl 键的同时拖曳鼠标左键到目标位置,即可完成复制幻灯片的操作。

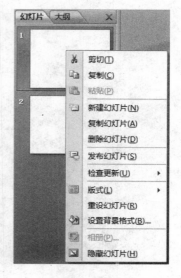

图 1 - 25　隐藏幻灯片列表框

也可以通过单击"开始"选项卡"剪贴板"组中的"复制"按钮(或按 < Ctrl? + C > 组合键),将选定的幻灯片复制到剪贴板上,然后将光标移动到要粘贴幻灯片的位置,再单击"开始"选项卡"剪贴板"组中的"粘贴"按钮(或按 < Ctrl + V > 组合键),将剪贴板中的幻灯片粘贴到新的位置。

1.4.5 移动幻灯片

移动幻灯片的常用方法和复制幻灯片的方法类似,主要是指在"幻灯片/大纲"窗格中将幻灯片快速移动到另一个位置上。移动幻灯片需要先选中需要移动的幻灯片,然后单击"开始"选项卡"剪贴板"组中的"剪切"按钮(或按 < Ctrl + X > 键),将选定的幻灯片移动到剪贴板上,然后将光标移动到目标位置处,再单击"开始"选项卡"剪贴板"组中的"粘贴"按钮(或按 < Ctrl + V > 组合键),将剪贴板上的幻灯片粘贴到新的位置上即可。

1.4.6 删除幻灯片

在幻灯片浏览视图下,删除幻灯片需要先选中删除的幻灯片,在"开始"选项卡的"幻灯片"组中,单击"删除幻灯片"按钮即可。

如果需要一次删除多张幻灯片,用户可以先选中所要删除的多张幻灯片,然后再按 Back-

Space 键或 Delete 键执行删除操作。

1.4.7　调整幻灯片的位置

如果需要重新排列幻灯片的顺序,可以先选择要调整顺序的幻灯片,然后将它们拖动到新位置,即可完成相应的调整操作。

将幻灯片粘贴到演示文稿新位置时,"粘贴选项"按钮通常显示在"大纲"或"幻灯片"选项卡中,或显示在"幻灯片"窗格中。用户可以使用"粘贴选项"按钮控制内容在粘贴后的显示方式。

本章主要介绍 PowerPoint 2007 的工作界面、开发过程中经常用到的功能区命令按钮组的相关操作、视图模式是如何切换、幻灯片的基本操作等相关知识。通过本章的学习,读者将对 PowerPoint 2007 演示文稿的界面和基本知识有个比较概略的认识。

综合练习

1）填空题

（1）在 PowerPoint 2007 中保存演示文稿的扩展名为＿＿＿＿＿＿＿。

（2）在 PowerPoint 2007 中,＿＿＿＿＿＿＿视图用于查看幻灯片的播放效果。

（3）在 PowerPoint 2007 演示文稿中,默认的视图模式是＿＿＿＿＿＿＿。

（4）用 PowerPoint 2007 创建的文件称为＿＿＿＿＿＿＿,里面的每一页称为＿＿＿＿＿＿＿。

（5）在 PowerPoint 2007 演示文稿中,所编辑的主要对象是＿＿＿＿＿＿＿。

（6）在 PowerPoint 2007 演示文稿中,选定不连续的多张幻灯片按＿＿＿＿＿＿＿键。

2）简答题

（1）简述 PowerPoint 2007 的几种视图格式。

（2）简述 PowerPoint 2007 工作界面的组成。

（3）新建一个 PowerPoint 2007 演示文稿的方法。

3）上机题

在"我的电脑"D 盘中有一个"食品"演示文稿,练习如何保存、打开、关闭这个演示文稿的相关操作。

PowerPoint

Loading...

2
文本的基本操作

本章重点

▲ 文本的输入、修改、复制或移动
▲ 文本属性的设置

　　语言是人与人交流过程中传递信息最有利的工具。有了语言，人们就可以表达自己的所想所得，就可以理解对方所要表达的含义。用 PowerPoint 2007 所制作出来的演示文稿，为了表达某一个具体的含义，同样也需要某种特定的方式来取代语言的功能。这种特定的方式除了有图形、图像、声音以及视频、动画外，文本则是最重要的信息传播载体。一幅幅生动的画面只有在配上文字的基础上，才能使表达的信息更具有生命力，并起到画龙点睛的作用。

2.1　输入文本

　　输入文本时,光标所在的位置就是文本输入的位置,所以用户在输入文本前一定要定位好光标。光标通常是指文本区中的一个黑色闪烁的竖线,当开始输入文本后,光标会自动向右移动,以便等待下一个文字的输入。

2.1.1　实训任务

　　在编辑幻灯片中的文本前,需要有相应的操作对象——文本,如果没有操作对象,那么就谈不上所谓的编辑操作。在此次实训中,最主要的任务就是介绍如何在 PowerPoint 2007 的幻灯片中输入文本的相关操作。

2.1.2　预备知识

　　占位符是包含文字、图像、声音等对象的容器,其本身是构成幻灯片内容的基本对象,具有自己的属性。启动 PowerPoint 2007 后,在默认幻灯片的普通视图中,可以看到几条虚线组成的虚框,就是占位符,如图 2 - 1 所示。在占位符中,用户可以对其中的文字进行操作,也可以对占位符本身进行大小调整、移动、复制、粘贴及删除等操作。

图 2 - 1　普通视图中的占位符

2.1.2.1　选择、移动、调整占位符

　　单击占位符,即可选中占位符;调整占位符,需要用鼠标单击占位符,使其成为选中状态,此时占位符的四周会出现四个小圆和四个小方块,然后用鼠标拖动小圆或方块到合适的

位置,即可实现调整占位符的操作,如图2-2所示。

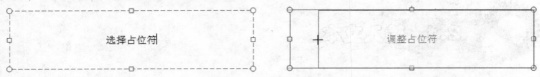

图2-2 选择并调整占位符

在文本编辑状态中,用户可以编辑占位符中的文本;在整体选中状态中,用户可以对占位符本身进行移动、调整大小等操作。

在 PowerPoint 2007 中,移动占位符,首先要选中占位符,然后将鼠标放在占位符的边框线上,这时鼠标会变成一个移动箭头,如图2-3所示。最后用鼠标拖动移动箭头到合适的位置,即可实现移动占位符的操作,如图2-4所示。

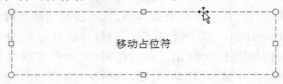

图2-3 出现移动箭头

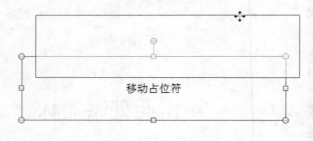

图2-4 移动占位符

2.1.2.2 复制、删除占位符

1)复制占位符

先选中占位符,然后在"开始"选项卡的"剪贴板"组中选择"复制"命令,最后在目标位置处单击,在"开始"选项卡的"剪贴板"组中选择"粘贴"命令即可。

2)删除占位符

先选中占位符,然后按 Delete 键,即可将占位符及其内部的所有内容删除。

在复制或剪切占位符时,会同时复制或剪切占位符中的所有内容和格式以及占位符的大小和其他属性。当把复制的占位符粘贴到当前幻灯片时,被粘贴的占位符将位于原占位符的附近;如果把复制的占位符粘贴到其他幻灯片中,被粘贴占位符的位置将与原占位符在幻灯片中的位置相同。

2.1.2.3　设置占位符的属性

在 PowerPoint 2007 中,占位符、文本框及自选图形等对象具有相似的属性,如颜色、线型等,设置它们属性的操作是相似的。当在幻灯片中选中占位符时,功能区将出现"格式"选项卡(见图 2-5),通过该选项卡中的各个按钮和命令即可设置占位符的属性。

图 2-5　"格式"选项卡

1）插入形状图形

在占位符中,用户可以插入任意的形状,其方法是:选中要编辑的占位符,在"格式"选项卡中的"插入形状"组中选择所要的图形,即可实现图形的插入操作,如图 2-6 所示。

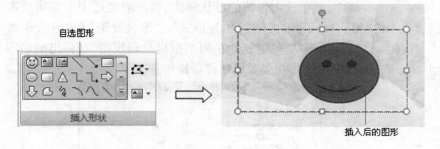

图 2-6　插入图形列表框

在插入形状组中,用户还可以对已经插入的图形进行再次编辑。首先需要在占位符中选择已插入的图形(见图 2-13 所示的"笑脸"图形),然后单击"插入形状"组中的"编辑形状"按钮,从展开的下拉菜单中选择"更改形状"命令,即可在图 2-7 所示的下拉列表中选择用户所需要的形状进行再次编辑,其效果如图 2-8 所示。

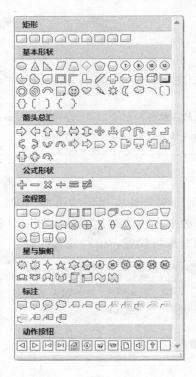

图2-7 编辑形状列表

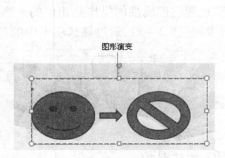

图2-8 形状变换效果图

2）更改形状样式

在幻灯片演示文稿中，要更改占位符的形状样式，首先需要选中要编辑的占位符，然后在"格式"选项卡的"形状样式"组中通过"填充形式"、"形状效果"和"形状轮廓"按钮来设置。同时，用户也可以单击"形状样式"组中的对话框启动器按钮，在弹出的如图2-9所示的"设置形状格式"对话框中进行相关的属性设置操作。

图2-9 "设置形状格式"对话框

3）调整占位符的大小和排列顺序

调整占位符的大小和排列次序,需要先选中要编辑的占位符,然后在"格式"选项卡的"排列"组中设置占位符是置于顶层或置于底层,还可以设置其对齐方式和旋转方式;在"大小"组中,用户可以直接在"大小"文本框中输入占位符的大小。

大视野 设置占位符的大小,也可以单击对话框启动器按钮,打开如图 2-10 所示的"大小和位置"对话框。在此对话框中,用户可以在相应的选项卡下精确地设置占位符的大小和位置。

图 2-10 "大小和位置"对话框

小资料 :当用户对幻灯片中的占位符进行旋转时,需要选中占位符,然后在"格式"选项卡的"排列"组中执行"旋转"命令,从弹出的快捷菜单中选择"向左旋转 90°"选项(见图 2-11),即可完成所需操作,效果如图 2-13 所示。

图 2-11 旋转占位符列表

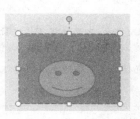

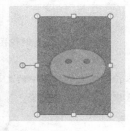

图 2-12 旋转占位符后的效果图

2.1.3　实训步骤

　　创建一个新的演示文稿后,需要在幻灯片中输入文本对象,此时可以在大纲视图或文本框中输入,也可以在占位符中输入。

2.1.3.1　在占位符中输入文本

　　在占位符中输入文本是在幻灯片中添加文字最常用的操作,其方法为:单击幻灯片中的文本占位符,使其处于选中状态,然后直接输入文字即可,如图2-13所示。

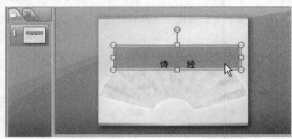

图2-13　在占位符中输入文本

2.1.3.2　在大纲视图中输入文本

　　单击"幻灯片/大纲"窗格中的"大纲"按钮,切换到大纲视图,选中需要输入文本的幻灯片,然后直接输入文本即可,如图2-14所示。

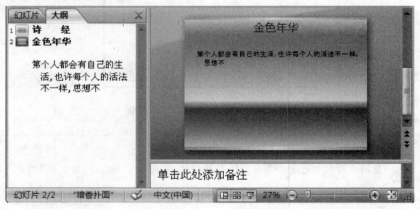

图2-14　在大纲视图中输入文本

　在大纲视图中输入文本,只需要将鼠标定位于要输入文本的幻灯片处,然后输入相应的文本,此时,大纲视图中的文本会直接出现在普通视图的幻灯片编辑区,删除大纲视图中的文本,幻灯片编辑区中的文本也会删除。

2.1.3.3 在文本框中输入文本

在"插入"选项卡的"文本"组中单击"文本框"向下按钮,在展开的下拉菜单中执行"横排文本框"或者"垂直文本框"命令(见图2-15),然后在幻灯片窗口内需要添加文本处单击鼠标左键,输入的文本框就会出现,然后输入相应的文本,其最终效果如图2-16所示。

图2-15 幻灯片文本输入列表

图2-16 幻灯片文本输入效果图

大视野 文本框是一种可移动、可调整大小的文字容器,它与文本占位符非常相似。使用文本框可以在幻灯片中放置多个文字体,使文字按照不同的方向排列,也可以突破幻灯片版式的制约,实现在幻灯片中任意位置添加文字信息的目的。

小资料 在文本框中,用户不仅可以输入文字,也可以在文本框中插入自选图形,其属性与占位符的大部分属性都相同。

在文本框中插入自选图形,需要在文本框中单击,然后在"格式"选项卡的"插入形状"组中选择所需要的图形样式,即可完成所需要的操作,其效果如图2-17所示。

图 2－17　插入图形效果图

2.1.4　拓展练习

打开"环保"演示文稿,在第三张幻灯片中,通过占位符输入"我们渴望一个充满新鲜空气的地球",然后将输入文本的占位符水平旋转,并将占位符的背景设置为深蓝色。

2.2　编辑文本

当文本操作输入完成以后,最主要的工作就是对文本的编辑。文本也可以像图像、视频一样进行编辑。对文本最基本的编辑操作主要包含复制、移动、删除、查找、替换和恢复等。

2.2.1　实训任务

文本的编辑工作主要是指在幻灯片中选择、复制、移动、删除文本,以及查找与替换文本或者撤消与重复文本等。在此次实训中,最主要的任务就是要求读者能熟练应用这些操作方法对文本进行相关的设置。

2.2.2　预备知识

在幻灯片中,对文本的编辑同样也需要先选中要进行编辑的文本,才能进行相应的编辑操作。对文本的选择可以通过鼠标选择,也可以利用键盘来选择。

2.2.2.1　使用鼠标选择

使用鼠标可以选择幻灯片中的一个字、一行或者整个幻灯片文本,只需要在选取文本的起始位置按下鼠标左键不放并拖动,到选择文本的结束处释放鼠标,即可选中相应的文本,同时选中的文本以反白形式显示。使用鼠标选择文本的常用操作方法如表 2－1 所示。

表2-1　鼠标选择文本的常用方法

选定对象	操　作	选定对象	操　作
任意字符	拖曳要选定的字符		
一行字符	单击该行左侧的选定区	多行字符	在字符左侧的选定区中拖曳
句子	按住 Ctrl 键,并单击句子中的任何位置	段落	双击段落左侧的选择区或者三次单击段落中的任何位置
多个段落	在选定区中拖曳鼠标		
连续字符	在字符的开始处单击鼠标,然后按住 Shift 键并单击文本结束位置	矩形区域	按住 Alt 键并拖曳鼠标

2.2.2.2　使用键盘选择文本

虽然通过键盘来选择文本不是很常用,但是,如果知道一些常用的文本操作快捷键,可以帮助用户更加方便地选择所需要的文本。常用的键盘选择文本的快捷键如表2-2所示。

表2-2　键盘选择文本的操作快捷键

快捷键	文本选择效果
Ctrl + A	选择整篇文档
Shift + →	选择右边的一个字符
Shift + ←	选择左边的一个字符
Shift + Home	选择到行首
Shift + ↑	选择上一行
Shift + ↓	选择下一行
Ctrl + Shift + Home	选择到文本开头
Ctrl + Shift + End	选择到文本结尾

2.2.3　实训步骤

2.2.3.1　复制文本

在幻灯片中选中所需要复制的文本,然后单击"开始"选项卡"剪贴板"组中的"复制"按钮(或按 < Ctrl + C >键),将选定的文本复制到剪贴板上,然后将光标移动到要粘贴文本的位置,再单击"开始"选项卡"剪贴板"组中的"粘贴"按钮(或按 < Ctrl + V >键),将剪贴板中的文本粘贴到新的位置上,即可完成所需操作。

复制文本也可以通过鼠标拖动来完成,选择文本后,将光标移动到选定的幻灯片上,按住 Ctrl 键的同时拖曳鼠标左键到目标位置,即可完成复制幻灯片文本的操作。

或者选择幻灯片中的文本,按住鼠标右键的同时拖曳鼠标到目标位置,然后在弹出的快捷菜单中选择相应的复制命令,即可完成所需操作,如图2-18所示。

图 2 - 18　快捷菜单

2.2.3.2　移动文本

选中要移动的文本,然后单击"开始"选项卡"剪贴板"组中的"剪切"按钮(或按 < Ctrl + X >键),将选定的文本移动到剪贴板上,然后将光标移动到目标位置处,再单击"开始"选项卡"剪贴板"组中的"粘贴"按钮(或按 < Ctrl + V >键),将剪贴板上的文本粘贴到新的位置上即可。

2.2.3.3　删除文本

在输入幻灯片文本的过程中,如果输入了错误或多余的文字,需要执行删除文本的操作,这时可以先用鼠标选择需要删除的文本,然后按 Delete 或 BackSpace 键将删除选中的所有文本内容。

在删除幻灯片文本的过程中,如果将光标移动到要删除文本的后面,按 BackSpace 键可删除光标之前的一个字符;如果将光标移动到要删除文本的前面,按 Delete 键可删除光标之后的一个字符。

2.2.3.4　查找文本

在幻灯片中,有时需要对某些文本内容进行修改,如果文本内容过多,逐字查找非常慢,这时可以单击"开始"选项卡"编辑"组中的"查找"按钮(或按 < Ctrl + F >键),系统弹出"查找"对话框,如图 2 - 19 所示。在"查找内容"文本框中输入用户需要查找的文本,然后单击"查找下一个"按钮,即可完成查找指定内容的操作。

用户也可以在对话框中设置所查找内容是否区分大小写或者全/半角的格式,以便快速准确地找到所需要的内容。

图 2 - 19　"查找"对话框

2.2.3.5　替换文本

替换文本就是在文本中查找到某个文字符号或者控制标记,将其修改为另外的文字符号或者控制标记。单击"开始"选项卡"编辑"组中的"替换"按钮(或按 < Ctrl + H >键),系统将弹出"替换"对话框,如图 2 - 20 所示。在"查找内容"文本框中输入需要查找的文本,在"替换为"文本框中输入要替换的文本,然后单击"查找下一个"按钮,查找到指定内容后,单击"替换"按钮,即可完成替换操作,如图2-21所示。单击"全部替换"按钮,将整个幻灯片中所有符合条件的文本全部替换。

也可以在该对话框中设置所替换的内容是否区分大小写或者全/半角的格式,以便快速准确地替换所需要的内容。

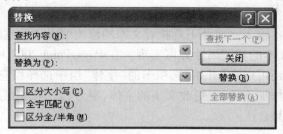

图2-20 "替换"对话框

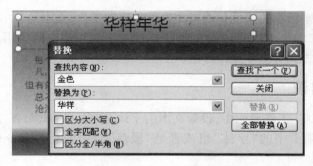

图2-21 替换文本效果图

2.2.3.6 撤销与重复文本

在PowerPoint 2007演示文稿中,系统对用户在演示文稿中所进行的操作具有自动记录的功能,当用户执行了错误的操作后,可以通过"撤销"功能将错误操作撤销;也可以通过"重复"功能对之前的文本操作进行重复。

撤销或重复操作是利用快速工具栏上的"撤销"按钮(或按 < Ctrl + Z > 键)或者是"恢复"按钮(或按 < Ctrl + Y > 键)来执行的,通过这两个按钮,用户可以撤销或者重复一个或多个连续的操作。

2.2.4 拓展练习

新建一个以"灯具"为主题的幻灯片,在此幻灯片中通过占位符输入一个灯具图案,然后在幻灯片中输入文字,最后输入作者的名字,并将作者的名字移到幻灯片的右下角。

2.3 设置文本属性

在幻灯片文本设置的不同阶段,PowerPoint 2007都为用户提供了不同的工具菜单,以方便用户进行操作。文本的操作从输入到修改,只是文本编辑的最初阶段。如果用户想使输入的文本真正具有生动的表现力,还需要对其进行一系列的属性设置操作,才可以使文本发挥它应有的效应。

2.3.1 实训目的

对幻灯片来说,文本输入完成并不意味着文本的修改编辑工作就结束了,文本的生动表现需要用户通过设置文本的相关属性方可实现。在 PowerPoint 2007 中,用户除了可以设置最基本的文字格式外,还可以在"开始"选项卡的"字体"组中选择相应按钮来设置文字的其他特殊效果,如为文字添加删除线,更改文字的字体、字号、大小,加粗,还可以设置文本的艺术表现方式,如动态效果。

2.3.2 实训任务

在幻灯片中,文本的相关属性是编辑文本最主要的操作,文本的艺术效果大部分都是通过设置属性表现出来的。本次实训的主要任务要求学会并能熟练应用如何设置文本的字体、字号、大小、对齐方式等基本操作方法。

2.3.3 预备知识

在 PowerPoint 2007 工作界面中,设置文本的字体、字号、大小、对齐方式等相关属性,主要是通过"开始"选项卡中的"字体"组或者是"段落"组中的相关命令或按钮来进行设置的,如图 2 – 22 所示。

图 2 – 22 "字体"与"段落"设置组

2.3.3.1 字体设置

对幻灯片中的文字设置字体,主要通过"开始"选项卡"字体"组中的相关按钮进行的。在设置之前,需要先选中文本,然后再利用字体组中的"加粗"、"倾斜"、"加下滑线"、"删除线"、"大小写转换"、"下标"和"上标"等按钮来设置所选文本的属性。还可以单击"字体颜色"下拉按钮,在弹出的如图 2 – 23 所示的"字体颜色"面板中选择所需要的颜色,以完成对所选文字的色彩更改。

在图 2 – 23 所示的字体颜色面板中,如果对系统所列的颜色不是太满意,可以在此面板中单击"其他颜色"按钮,在弹出的如图 2 – 24 所示的"颜色"对话框中精确地自定义所需要的字体颜色。

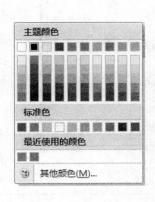

图 2-23　"主题颜色"面板

图 2-24　"颜色"对话框

在"字体"组中,单击"开始"选项卡中的"字体"对话框启动器,将会打开如图 2-25 所示的"字体"对话框。在此对话框的"字体"选项卡中,可以设置字体的颜色、字号、字形和字符间距等相关属性。

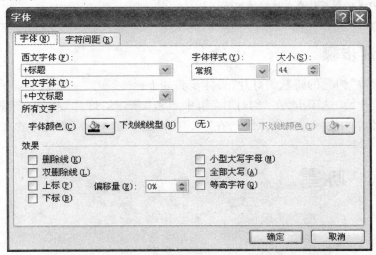

图 2-25　"字体"对话框

2.3.3.2　段落设置

段落是由一个或多个连续的句子组成的,将一个段落作为编辑对象进行处理时,可以通过单击"开始"选项卡"段落"组中的"段落对齐"按钮实现段落文本的左对齐、居中对齐、右对齐、两端对齐和分散对齐等操作。也可以通过单击功能区"开始"选项卡中的"段落"对话框启动器,打开如图 2-26 所示的"段落"对话框。在此对话框中,用户可以精确地设置文本的段落格式。

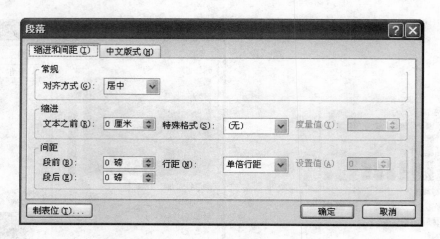

图2-26 "段落"对话框

在"段落"对话框中的"缩进和间距"选项卡的"缩进"选项组中,用户可以在"特殊格式"下拉列表中设置段落的首行缩进、悬挂缩进或者无缩进;也可以在"缩进"选项组设置段落缩进量;还可以设置段落在整个幻灯片的段前距或是段后距的值。

2.3.4 实训步骤

制作以"咏雪"为题的诗歌幻灯片,具体步骤如下:

(1)单击"开始"选项卡,在"幻灯片"组中单击"新建幻灯片"按钮,新建一张幻灯片,并在"标题"占位符中输入文字"咏雪",在"咏雪"标题下输入所需要的诗歌文字,如图2-27所示。

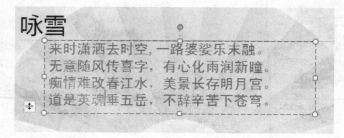

图2-27 效果图1

(2)选择"咏雪"文本,单击"开始"选项卡"字体"组中的"字体"下拉列表,从中选择字体为"华文行楷",在"字号"列表中选择字号为"54",并单击"加粗"按钮,使所选文本加粗,在"字体"颜色列表中选择所选文本的颜色为"茶色"。设置如图2-28所示,最终效果如图2-29所示。

图 2 - 28　字体设置

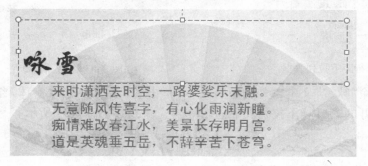

图 2 - 29　效果图 2

（3）选择"咏雪"文本,单击"开始"选项卡的"段落"组中的"居中"按钮，将选定的文本设置为居中对齐,效果如图 2 - 30 所示。

咏雪

来时潇洒去时空,一路婆娑乐末融。
无意随风传喜字,有心化雨润新瞳。
痴情难改春江水,美景长存明月宫。
道是英魂垂五岳,不辞辛苦下苍穹。

图 2 - 30　效果图 3

（4）选择除"咏雪"文本以外的所有文本,单击"开始"选项卡"段落"组中的对话框启动器,在打开的"段落"对话框中将选定的文本设置为分散对齐,在"间距"选项的"行距"下拉列表中将行距设置为"单倍行距",效果如图 2 - 31 所示。

咏雪

来时潇洒去时空, 一路婆娑乐末融。
无意随风传喜字, 有心化雨润新瞳。
痴情难改春江水, 美景长存明月宫。
道是英魂垂五岳, 不辞辛苦下苍穹。

图 2 - 31　效果图 4

小资料：在 PowerPoint 2007 幻灯片的"段落"对话框中,用户设置所选文字的行距需要在"间距"

选项的“行距”下拉列表中设置。下拉列表中有四种可以选择的行距(见图 2－32),不同的行距所表现出的效果不同,如图 2－33 所示为 1.5 的倍行距效果。

行距(N):
单倍行距
单倍行距
1.5 倍行距
双倍行距
固定值
多倍行距

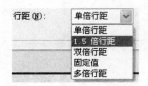

图 2－32　行距下拉列表框

来时潇洒去时空，一路婆娑乐末融。
无意随风传喜字，有心化雨润新瞳。
痴情难改春江水，美景长存明月宫。
道是英魂垂五岳，不辞辛苦下苍穹。

图 2－33　效果图 5

（5）选择除“咏雪”文本以外的所有文本,单击“开始”选项卡“字体”组中的“字体颜色”选项,在打开的“字体”下拉列表中选择“紫色”,效果如图 2－34 所示。

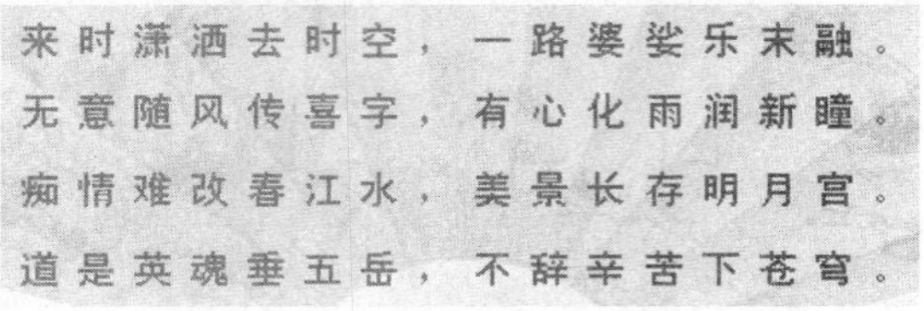

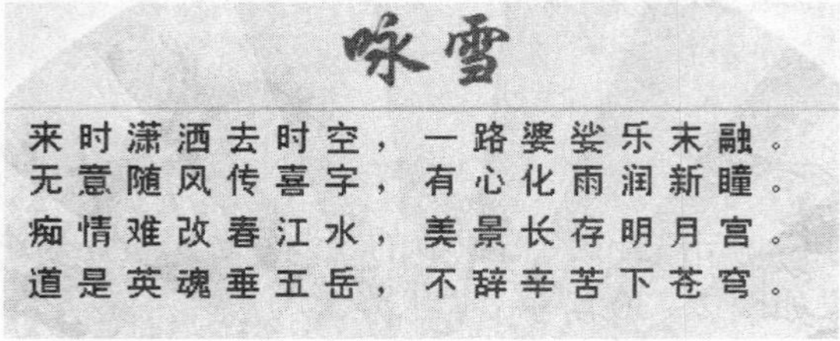

咏雪
来时潇洒去时空，一路婆娑乐末融。
无意随风传喜字，有心化雨润新瞳。
痴情难改春江水，美景长存明月宫。
道是英魂垂五岳，不辞辛苦下苍穹。

图 2－34　效果图 6

（6）选择除“咏雪”文本以外的所有文本,单击所选文本所在的占位符,使其成为选中状态。然后在“绘图工具”动态命令标签的“格式”选项卡中选择“形式样式”组中的图形并单击,设置占位符的形式为“深色轮廓”,如图 2－35 所示。设置操作完成后,其最终的效果如图 2－36 所示。

Abc
Abc
Abc
形状填充
形状轮廓
形状效果
形状样式
彩色轮廓 - 强调颜色 2

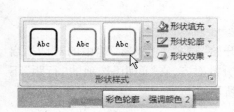

图 2－35　形状样式组

咏雪
来时潇洒去时空，一路婆娑乐末融。
无意随风传喜字，有心化雨润新瞳。
痴情难改春江水，美景长存明月宫。
道是英魂垂五岳，不辞辛苦下苍穹。

图 2－36　效果图 7

2.3.5　拓展练习

新建一张幻灯片,利用文本框输入所需要的文字,并练习设置文字的字体、字形、字号,段落的相关操作方法。

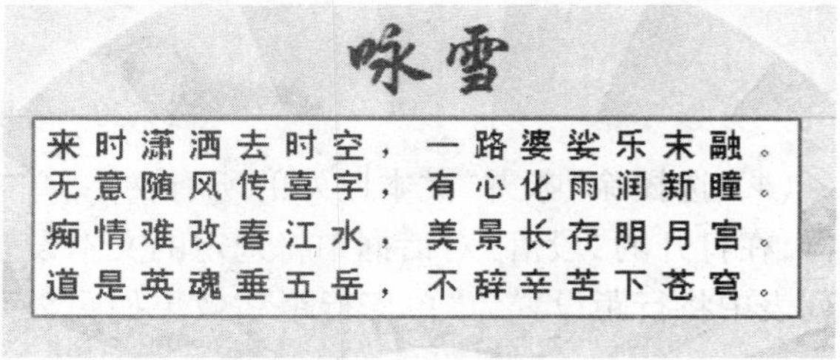

本章主要介绍在幻灯片制作过程中所用到的有关文本的输入、设置、字体大小、颜色的更改,文本的复制、查找、撤销等基本操作。通过本章的学习,读者会对 PowerPoint 2007 演示文稿中有关文本的相关操作有个概略的了解。

综合练习

1)填空题

(1)在幻灯片中,用户输入文本可以通过_____、_____、_____三种方式。

(2)在 PowerPoint 2007 中,占位符可以执行的操作有_____。

2)简答题

(1)简述 PowerPoint 2007 文本输入的几种方法。

(2)简述如何修改所选定文本的字号。

(3)简述如何在文本框中输入文字。

3)上机题

在"我的电脑"D 盘中有一个"文字"演示文稿,练习如何在这个演示文稿中新建、复制幻灯片的操作以及如何输入文本并设置文本的相关属性。

3

插入与编辑图形对象

本章重点

▲ 图形的插入、填充、对齐

▲ 图片的设置

▲ SmartArt图形的编辑

▲ 表格和图表的美化与编辑

PowerPoint 2007 办公软件设计的目的是帮助用户制作出集文字、图形、图像、声音以及视频剪辑等多媒体元素于一体的演示文稿。在演示文稿中，图形对象的编辑占有主要的地位，因为用户在使用演示文稿宣传公司的产品或者是自己的设计创意时，整个内容都用文字表现，若没有加入任何的修饰性内容，很容易使读者感到视觉疲劳，自然宣传的效果也不会太好，所以在众多的文字中适当地插入一些图形或图片进行补充说明，就会使自己的作品更有说服力，还能帮助读者更快地理解文章的内容。

3.1　编辑图形

图形是 PowerPoint 2007 演示文稿中不可缺少的元素,它与文本相比,不仅可以使演示文稿更加漂亮,还可以更直观地说明作者所要表达的意思,给读者留下深刻的印象。在幻灯片中,用户插入与编辑图形所执行的操作和 Word 中的图形编辑操作一样,仍然可以使用剪贴画、自选图形、来自文件的图片和艺术字等多种图形对象。

图形的编辑操作主要指如何在幻灯片中插入图形、艺术字以及剪贴画,如何利用绘图工具绘制各种简单的图形,再将这些基本图形组合成复杂多样的图案,利用填充工具填充图形颜色等操作方法。

3.1.1　插入剪贴画

剪贴画是指 PowerPoint 2007 提供的各种类型图片,是一个附带的剪贴画库,其内容非常丰富。剪贴画库中的图片都是经过专业的设计,能够表达不同的主题,适合于用户制作不同风格的演示文稿。

在幻灯片中,如果用户需要执行插入剪贴画的操作,只需在"插入"选项卡的"插图"组中单击"剪贴画"按钮(见图 3-1),系统自动打开如图 3-2 所示的"剪贴画"任务窗格。在此任务窗格中,用户可以在"搜索"栏中输入剪贴画的类型,在"搜索范围"下拉列表中选择插入剪贴画所在的位置,然后单击"搜索"按钮,所有符合条件的剪贴图将出现在列表中,用户只需单击需要的图片就可以完成插入操作。

图 3-1　插图选项组　　　　　　　　　　图 3-2　剪贴画任务窗格

在幻灯片中插入的剪贴画可以来自于本地的图形文件,也可以来源于网上自动搜索的图片,并且这些自动搜索到的图片会自动显示在任务窗格中供用户选择。对于已经插入的剪贴图,用户可以任意地放大或缩小,也可以重新设置图形的属性,以创建出更多的剪贴画。

小资料:在幻灯片中,用户对插入的剪贴画可以进行删除、复制、移动等操作,其方法和文本属性的修改方法相同。也就是说,所有适合文本属性修改的方式对剪贴画同样适用。

当用户插入剪贴画后,选中插入的剪贴画,这时剪贴画四周会出现线框围起来的具有8个尺寸控制柄的小圆形,分别位于剪贴画的4个角和4条边的中点,如图3-3所示。用户只需要用鼠标拖动这8个控制柄,就可以实现移动或改变剪贴画大小和位置的操作,如图3-4所示。用户也可以按Delete键删除所插入的剪贴画。

图3-3　插入剪贴画

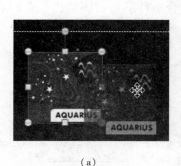

（a）　　　　　　　　　　　　　　（b）

图3-4　修改剪贴画的属性

（a）移动剪贴画　　　　（b）调剪贴画的尺寸

3.1.2　插入形状图形

PowerPoint 2007提供了功能强大的绘图工具,用户利用这些绘图工具可以绘制各种线条、连接符、几何图形、星形以及箭头等复杂的图形。

要在幻灯片中插入形状图形,切换至"插入"选项卡,在"插图"组中单击"形状"按钮,在弹出的如图3-5所示的菜单中选择需要的形状和线条使用即可。

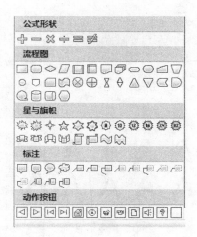

图3-5　常见的形状图形

小资料：创建"迷人夜色"幻灯片。首先利用"新建幻灯片"命令创建一张新的幻灯片。

在"插入"选项卡的"插图"组中单击"形状"按钮,选中"月亮"图形后,在幻灯片中拖曳鼠标到合适的位置,即可完成插入图形的操作。

用同样的方法插入"星星"图形,效果如图3-6所示。

图3-6　"迷人夜色"幻灯片效果图

3.1.3　插入艺术字

艺术字是一种特殊的图形文字,常用来表现幻灯片的标题文字。对艺术字,用户既可以像对普通文字一样设置字号、加粗、倾斜等效果,也可以像图形对象一样进行一些常见的调整大小操作。在幻灯片中插入艺术字,首先切换至"插入"选项卡,然后在"文本"组中单击"艺术字"按钮,在弹出的如图3-7所示的艺术字下拉菜单中选择需要的艺术字,最后在幻灯片中输入文本即可。"迷人夜色"幻灯片插入艺术字后的效果如图3-8所示。

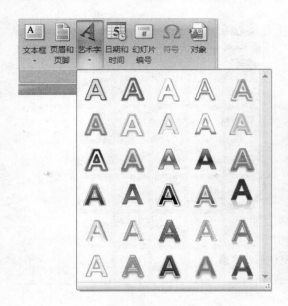

图 3-7　艺术字效果列表　　　　　　　图 3-8　插入艺术字效果图

小资料：当用户在幻灯片中插入艺术字后，如果对插入的"艺术字"不满意，可以进行修改操作。

修改艺术字需要先选中艺术字，然后在"格式"选项卡的"艺术字样式"组中单击对话框启动器，在打开的如图 3-9 所示的"设置文本效果格式"对话框中进行艺术字的编辑操作，直至满意为止。

图 3-9　设置文本效果格式对话框

3.1.4　实训操作

（1）打开创建的"迷人夜色"幻灯片，单击选中插入的艺术字，在"开始"选项卡"字体"组中选择相应的命令将选中的艺术字的字体设置为"隶书"，字号设置为"36"，字体颜色设置为"深青"色，效果如图 3 – 10 所示。

图 3 – 10　修改艺术字的字体效果

（2）选中修改过的艺术字，在"格式"选项卡的"艺术样式"组中将插入的艺术字效果设置为"强调颜色 3"色调，然后拖动选中的艺术字将其移动到中间位置，效果如图 3 – 11 所示。

图 3 – 11　修改艺术字的色彩

大视野　在功能区的"格式"选项卡中，用户除了可以设置艺术字的形状样式外，还可以设置艺术字的填充效果、形状轮廓、艺术字样式等，其设置命令组如图 3 – 12 所示。

图 3-12　设置艺术字样式组

（3）单击选中"迷人夜色"幻灯片中的月亮，月亮图形四周会出现 4 个圆和 4 个小方块，如图 3-13 所示。此时可以拖动圆或方块调整"月亮"的大小（见图 3-14），也可以通过拖动旋转柄改变"太阳"图形的角度，如图 3-15 所示。

图 3-13　选择图形　　　　　　图 3-14　调整图形大小　　　　　图 3-15　旋转图形

（4）单击选中"迷人夜色"幻灯片中的一颗星星，在"格式"选项卡的"形状样式"组中单击"形状轮廓"按钮，在弹出的如图 3-16 所示的菜单中选择插入图形的线条"粗组"为 1磅，在如图 3-17 所示的列表中选择"线型"为直线，线条的颜色为浅蓝色，最终效果如图3-18所示。

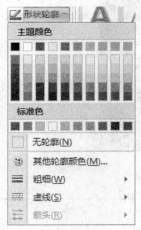
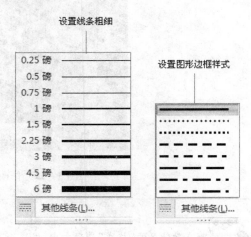

图 3-16　图形轮廓颜色面板　　　　　图 3-17　设置图形线型和粗细

图 3 - 18　图形轮廓效果图

为图形设置了轮廓线后,为了达到更好的效果,用户还可以通过"格式"选项卡"形状样式"组中的"形状填充"按钮,在图形的内部填充一些颜色,如单色、过渡色、纹理或者是图片,使图形的效果更加清晰明了。

(5)单击选中"迷人夜色"幻灯片中的月亮,在"格式"选项卡的"形状样式"组中单击"形状效果"按钮,在弹出的如图 3 - 19 所示的形状列表中为"月亮"选择一种阴影,并设置发光效果,设置后的最终效果如图 3 - 20 所示。

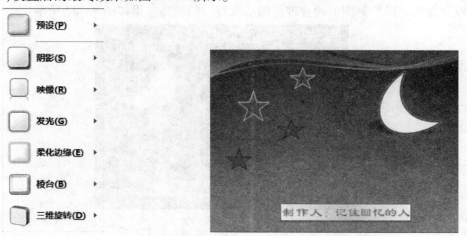

图 3 - 19　形状效果列表　　　　　图 3 - 20　形状阴影发光效果图

在"格式"选项卡"形状样式"组中选择"形状效果"命令中的"三维旋转"按钮,在打开的如图 3 - 21 所示的设置三维列表中可以为插入的图形设置三维动感效果。

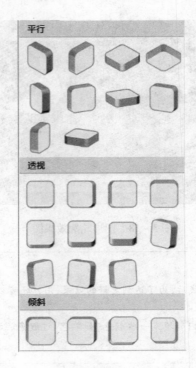

图 3 – 21　设置图形的三维效果

（6）单击选中"迷人夜色"幻灯片中的星星，直接在图形的光标处输入文字"回忆"，然后在"格式"选项卡的"排列"组中单击"组合"按钮，将输入文字的图形组合成一个图形，这样可以方便用户以后对图形的管理。图形设置后的最终效果如图 3 – 22 所示。

图 3 – 22　在图形中添加文字效果

　在"格式"选项卡的"排列"组中，用户可以对插入的多个图形执行"组合"操作，也可以将插入的图形执行对齐操作。选择需要对齐的图形，在"排列"组中选择"对齐"选项，将打开如图 3 – 23 所示的图形对齐列表，用户可以在此列表中设置图形的对齐方式。

⊫	左对齐(L)
⊹	左右居中(C)
⊨	右对齐(R)
⊤	顶端对齐(T)
⊹	上下居中(M)
⊥	底端对齐(B)
⊪	横向分布(H)
⊗	纵向分布(V)
√	对齐幻灯片(A)
	对齐所选对象(O)
	查看网格线(S)
▦	网格设置(G)…

图 3 – 23　设置图形对齐列表框

3.1.5　拓展练习

通过前面内容的学习,打开一个"星空.pptx"文件,要求新建一张幻灯片,并在此幻灯片中插入剪贴画,并将其设置阴影效果。

3.2　编辑图片

在 PowerPoint 2007 幻灯片中,用户编辑的图片来源于三个方面,一是系统内部提供的剪贴画,它可以作为图片供用户编辑;二是利用插入的自定义图形组合成的图片;三是来源于外部导入的图片。幻灯片中的图片大部分都来源于外部导入,可以来源于网上,也可以来源于用户利用数码产品所拍摄的照片。

3.2.1　实训目的

要求用户学会如何编辑图片的大小,设置图片的三维效果以及设置图片的透明度等操作方法。

3.2.2　实训任务

在幻灯片的编辑过程中,对图片的操作可以有多种,如改变图片的大小、调整图片的显示比例,设置图片的透明度等。本次实训的任务是制作"快乐圣诞"幻灯片,要求用户学会如何在幻灯片中设置图片的大小、位置、色彩和透明度等相关操作知识。

3.2.3　预备知识

在幻灯片中插入的图片可以是 JPEG 格式的,也可以是 BMP 格式,还可以来自于浏览器中的图片或者是数码相机拍摄的图片。插入图片时,先在"插入"选项卡的"插图"组中单击

"图片"按钮,再在弹出的如图3-24所示的"插入图片"对话框中选择图片所在的位置,接着双击所需图片的名称,最后单击"插入"按钮即可完成操作。例如,在新建幻灯片中,插入"圣诞老人"后的效果如图3-25所示。

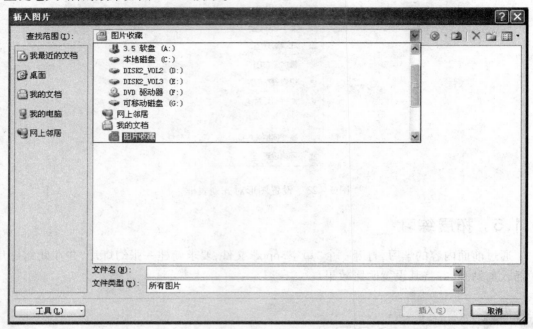

图3-24 "插入图片"对话框

图3-25 在幻灯片中插入图片效果图

3.2.4 实训步骤

(1)打开建立的"圣诞老人"幻灯片,选中插入的"圣诞老人"图片后,图片周围将出现8个控制点,当鼠标移动到控制点上方时,鼠标指针将变为双箭头形状,此时按下鼠标左键拖动控制点,即可改变"圣诞老人"图片的大小,如图3-26所示。

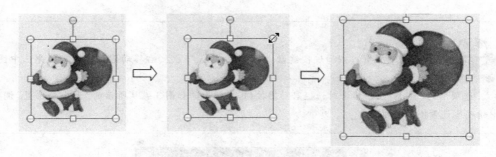

图 3－26　改变图片的大小

小资料：改变图片的大小，用户还可以在选中图片后，在"格式"选项卡"大小"组中的"高度"或"宽度"数值框内直接输入图片的数值来改变图片的大小，如图 3－27 所示。

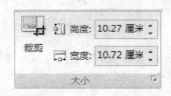

图 3－27　改变图片大小组

大视野：当拖动图片四个角上的控制点时，PowerPoint 会自动保持图片的长宽比例不变；当用户拖动图片 4 条边框中间的控制点时，可以改变图片原来的长宽比例；当用户按住 Ctrl 键调整图片的大小时，调整的图片将保持中心位置不变。

（2）选中改变大小后的"圣诞老人"图片，然后按住鼠标左键将其拖动到幻灯片最右边的合适位置后释放鼠标，即可改变图片的位置，效果如图 3－28 所示。

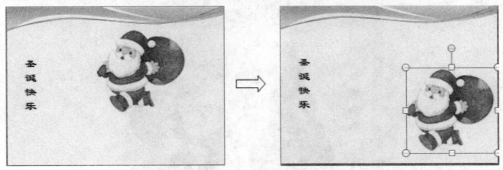

图 3－28　改变图片位置

调整图片的位置可以通过按键盘上的方向键上、下、左、右移动图片。也可以先选中图片，在"格式"选项卡的"大小"组中单击对话框启动器按钮，在弹出的如图 3 – 29 所示的"大小和位置"调整对话框中精确地设置图片的位置。

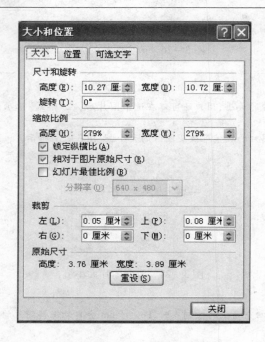

图 3 – 29　"大小和位置"对话框

（3）在"插图"组中单击"图片"按钮，插入图片"圣诞树"，如图 3 – 30 所示。为了达到演示文稿的整体效果，可单击"格式"选项卡的"调整"组中的"重新着色"按钮，在打开的如图 3 – 31 所示的列表中选择"设置透明色"命令，将"圣诞树"的背景改为透明，效果如图 3 – 32 所示。

图 3 – 30　插入"圣诞树"效果图

图 3-31　设置图片色彩列表　　　　　　　　图 3-32　设置"圣诞树"透明色效果图

在"格式"选项卡的"调整"组中,用户还可以调整图片的亮度和对比度等,如图 3-33 所示。例如,对于插入的"圣诞树",单击亮度按钮,从弹出的如图 3-34 所示的列表中选择加亮 40%,其效果如图 3-35 所示;然后单击对比度按钮,从弹出的如图 3-36 所示的列表中选择加亮 40%,其效果如图 3-37 所示。

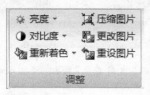

图 3-33　调整图片属性组

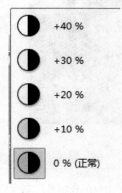

图 3-34　调整图片对比度列表

图 3-35　图片对比度加亮效果图

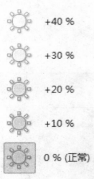

图 3-36　调整图片亮度列表　　　　　　　图 3-37　图片亮度加亮效果图

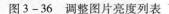新建一张幻灯片,在此幻灯片中插入一张图片。选中插入的图片,在"格式"选项卡的"大小"组中对图片执行"裁剪"操作,将多余的部分剪去,效果如图 3-38 所示。

图 3-38　裁剪图片

在"格式"选项卡的"调整"组中选择"重新着色"按钮,将插入的图片颜色变为深色,效果如图 3-39 所示。

图 3-39　重新着色效果

（4）选择"圣诞树"图片,在"格式"选项卡的"图片样式"中单击"图片效果"按钮,在打开的如图 3-40 所示的列表中选择"映像"选项,即可将"圣诞树"的效果改为如图 3-41 所示。

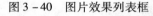

图 3–40　图片效果列表框　　　　　　　　图 3–41　设置图片映像效果

 用户选中"图片"时,可在功能区的"格式"选项卡"图片样式"组中通过相应的按钮设置图片的形状和图片是否带边框以及边框线的粗细和线条样式,其设置方法与设置剪贴画和自选图形的方法相同。同时,用户还可以设置多个图片的排列顺序和组合,其方法也与剪贴画的设置方法相同。

（5）选择"圣诞树"图片,在"格式"选项卡"图片样式"组中选择"白色,剪裁对角线"样式(见图 3–42),设置后的效果如图 3–43 所示。

图 3–42　设置图片样式列表

图 3 – 43　图片效果图

（6）在"圣诞老人"幻灯片中直接输入文字"Merry Christmas and a happy new year。"，设置后的效果如图 3 – 44 所示。

图 3 – 44　图片效果图

3.2.5　拓展练习

打开新建的"圣诞老人"幻灯片，为"圣诞老人图片"添加阴影效果，并将其旋转 45 度。同时，将"圣诞快乐"文字的颜色设置为"红色"。

3.3　编辑 SmartArt 图形

PowerPoint 2007 为用户提供了大量的模板预设格式，应用这些格式可以轻松地制作出具有专业效果的幻灯片演示文稿。在 PowerPoint 2007 中，SmartArt 图形包括图形列表、流程图以及更为复杂的图形，如组织结构图等，主要用于在演示文稿中创建演示流程、层次结构、循环图形的关系。用户可以根据需要对插入的 SmartArt 图形进行编辑,如添加、删除形状,设置形状的填充色、外观等效果。

3.3.1 实训目的

使用 SmartArt 图形可以非常直观地说明层次关系、附属关系、并列关系、循环关系等各种常见关系,而且制作出来的图形漂亮精美,具有很强的立体感和画面感。本此实训的目的是让用户学会如何编辑 SmartArt 图形的布局、样式和颜色等相关操作方法。

3.3.2 实训任务

在幻灯片中插入 SmartArt 图形是一种快速添加专业设计组合效果的简便方法。本次实训的任务是以创建“产品流程图”为主要依据,为用户讲解如何编辑 SmartArt 图形的形状填充效果,线条样式、渐变和三维透视等相关操作方法。

3.3.3 预备知识

SmartArt 图形主要用于在文档中创建演示流程、层次结构、循环关系。插入 SmartArt 图形,需要在“插入”选项卡“插图”组中单击“SmartArt”按钮,在打开的如图 3 – 45 所示的“选择 SmartArt 图形”对话框中选择一种 SmartArt 图形,并单击“确定”按钮,即可完成 SmartArt 图形的插入操作,效果如图 3 – 46 所示。然后在自动打开的“文本”窗格中输入在 SmartArt 图形中要显示的文字,即完成创建工作。

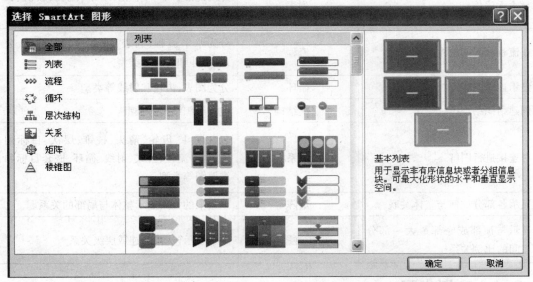

图 3 – 45　“选择 SmartArt 图形”对话框

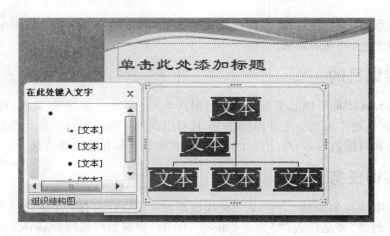

图 3 - 46　SmartArt 图形编辑窗口

SmartArt 图形共分七种类型(见表 3 - 1),每种类型都有特定的适用领域,用户可以根据需要选择不同的 SmartArt 图形类型进行相关的编辑操作。例如,为了表达一个特定事件的时间进程或空间指向,用户可选择流程图类型。

表 3 - 1　不同类型的 SmartArt 图形

要执行的操作	图形分类	简要描述
显示无序信息	列表	分为蛇形、图片、垂直、水平、流程、层次、目标和棱锥等类型
在流程或时间线中显示步骤	流程	分为水平流程、列表、垂直、蛇形、箭头、公式、漏斗和齿轮等类型
显示连续的流程	循环	分为图表、齿轮和射线等类型
创建组织结构图	层次结构	包含组织结构等类型
对连接进行图解	关系	包含漏斗、齿轮、箭头、棱锥、层次、目标列表、列表流程、公式、射线、循环、嵌套目标和维恩图等类型
显示各部分如何与整体关联	矩阵	以象限的方式显示整体与局部的关系
显示与顶部或底部最大一部分之间的比例关系	棱锥图	用于显示包含、互连或层级关系

3.3.4　实训步骤

(1)在幻灯片中创建"产品流程图",在"插入"选项卡"插图"组中单击"SmartArt"按钮,在弹出的"选择 SmartArt 图形"对话框中选择层次类型中的第 1 种类型,然后单击"确定"按钮。在插入的 SmartArt 图形的"文本"窗格中输入所需的文字,最终效果如图 3 - 47所示。

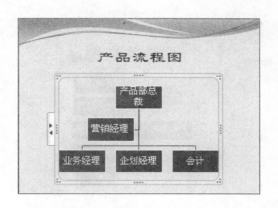

图 3-47　插入 SmartArt 图形效果图

（2）打开"产品流程图"幻灯片,选择"营销经理"图形框,然后在"SmartArt 工具"动态命令标签"设计"选项卡的"创建图形"组中单击"添加形状"按钮,在打开的如图 3-48 所示的形状下拉列表中选择"在后面添加形状"选项,然后输入"财务经理"文本,添加后的效果如图 3-49 所示。

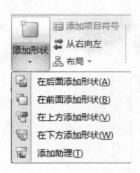

图 3-48　添加 SmartArt 图形列表

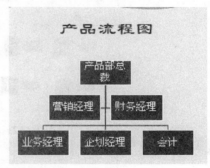

图 3-49　添加 SmartArt 图形效果图

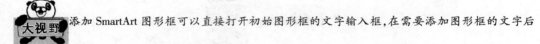

添加 SmartArt 图形框可以直接打开初始图形框的文字输入框,在需要添加图形框的文字后面按 Enter 键,即可增加一个新的图形框,然后输入文字。如果添加的图形层级不对,可以将光标移动到刚输入的文字上按 Shift + Tab 键提升层级,也可以按 Tab 键降低层级。

（3）若创建的 SmartArt 默认图形不符合要求,可以选中需要更改样式的 SmartArt 图形,在功能区"设计"选项卡的"布局"组中选择一种布局(见图 3-50),以改变 SmartArt 图形的布局。"产品流程图"添加布局后的效果如图 3-51 所示。

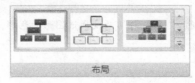

图 3-50　改变 SmartArt 图形布局

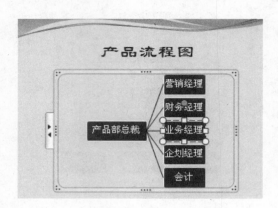

图 3 - 51　改变 SmartArt 图形布局图

（4）选中插入的 SmartArt 图形，在功能区"设计"选项卡的"SmartArt 样式"组中选择一种图形样式（见图 3 - 52），以改变 SmartArt 图形的布局，效果如图 3 - 53 所示。

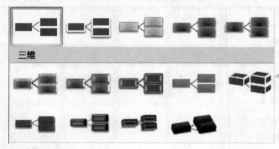

图 3 - 52　改变 SmartArt 图形样式

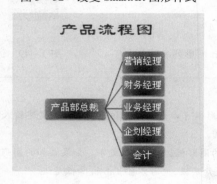

图 3 - 53　改变 SmartArt 图形样式图

 小资料：选中插入的 SmartArt 图形，在功能区"设计"选项卡的"SmartArt 样式"组中单击"更改颜色"按钮，在弹出的列表中选择"颜色 2"样式，即可改变所选图形的色彩，效果如图 3 - 54 所示。

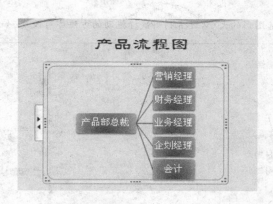

图 3-54　改变 SmartArt 图形色彩图

（5）选中插入的 SmartArt 图形中的"产品部总裁"图形框，在功能区"SmartArt 工具"动态命令标签"格式"选项卡的"形状样式"组中选择一种图形样式（如细微效果：颜色6，见图3-55），以改变所选 SmartArt 图形的外观形式，效果如图3-56所示。

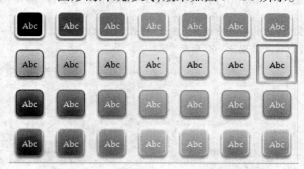

图 3-55　改变 SmartArt 图形外观样式列表

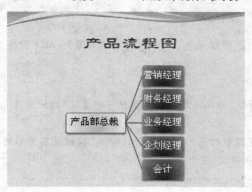

图 3-56　改变 SmartArt 图形样式效果

选中插入的 SmartArt 图形中的任意一个图形框，在"格式"选项卡的"形状"组中，用户可以通过"增大"命令改变选中图形的大小，如图3-57所示。同时，用户还可以通过"格式"选项卡"大小"组中的数值框来精确改变所选图形的大小,或者利用鼠标拖动的方法亦可改变,如图 3-58 所示。

图 3-57　改变 SmartArt 图形形状　　　　图 3-58　改变 SmartArt 图形大小

:选中插入的 SmartArt 图形,在如图 3-59 所示的功能区"格式"选项卡的"形状样式"组中单击"形状轮廓"按钮,在弹出的列表中选择"虚线"样式。再次选择"形状填充"选项,选取"红色",设置 SmartArt 图形操作完成后的效果如图 3-60 所示。

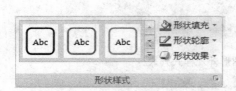

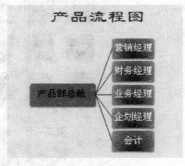

图 3-59　SmartArt 图形样式组　　　　图 3-60　改变 SmartArt 图形样式效果

大视野 在 SmartArt 图形"形状样式"组中,用户可以通过"形状效果"按钮设置图形的发光、阴影效果;通过"形状填充"按钮设置图形的色彩;通过"形状轮廓"按钮设置图形的线条线,或有无边框线,其设置方法与设置剪贴画的方法相同。

3.3.5　拓展练习

新建一个以"员工关系图"为主题的幻灯片,在此幻灯片中插入一种层次关系的 Smart-Art 图形,然后在图形中输入文字,设置图形的颜色为深蓝色,使其具有阴影和发光效果。

3.4　编辑表格

在幻灯片中,表格扮演着重要的角色,因为它能将数据有条不紊地呈现出来,可以让读者对演示文稿的内容一目了然。用户使用 PowerPoint 制作一些专业型演示文稿时,如销售统计表、个人信息表,通常都需要使用表格来形象地说明。

3.4.1　实训目的

对幻灯片来说,表格是用于在页面上显示表格式数据以及对文本和图形进行对比的强有力工具。在 PowerPoint 2007 演示文稿中,用户除了要学会如何设置最基本的文字、图形格式外,还要学会如何在幻灯片中创建与编辑表格的行、列、边框线与颜色等相关属性信息。

3.4.2　实训任务

以创建"员工工资表"为例,介绍表格的相关编辑操作,主要包含的内容有改变表格的行高、列宽,如何合并与拆分单元格,调整单元格的边框和底纹等相关的基本操作方法。

3.4.3　预备知识

3.4.3.1　使用命令创建表格

在幻灯片中创建表格,需要在"插入"选项卡"表格"组中选择"插入表格"选项,在弹出的"插入表格"对话框中填入需要的列数和行数(见图 3-61),单击"确定"按钮,即可完成表格的创建操作。

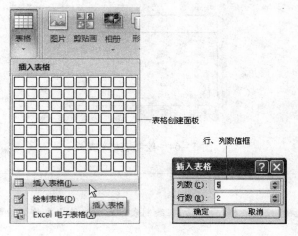

图 3-61　使用命令创建表格

表格主要是由行和列共同组成,行和列交叉组成的方格称为单元格。在单元格中,用户可以输入数据或者文字。对表格的大部分操作主要是针对单元格进行的,单元格是表格的核心部件,相当于人体的心脏。

在幻灯片中插入表格时,如果表格的行数和列数小于 10×8 个单元格,可以通过单击功能区"插入"选项卡"表格"组中的"表格"命令,在打开的如图 3-62 所示的表格列表中用鼠标直接拖动选择所需要的行数和列数,效果如图 3-63 所示。

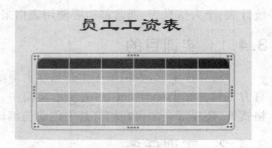

图 3-62 插入表格选择窗格　　　　　　　　图 3-63 插入表格后的效果

3.4.3.2 手动绘制表格

若插入的表格并不是完全规则时,用户可以直接在幻灯片中绘制表格。绘制表格的方法很简单,在功能区"插入"选项卡的"表格"组中单击"表格"命令,在弹出的如图 3-61 所示的列表中选择"绘制表格"命令,这时鼠标指针将变为笔形形状,用户就可以在幻灯片中进行表格的绘制操作,效果如图 3-64 所示。

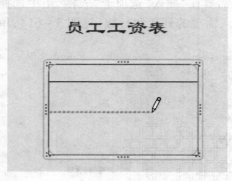

图 3-64 绘制表格效果

当用户选择"绘制表格"命令后,在绘制表格时会先绘出表格的边框。同时,在功能区的上方会出现一个"表格工具"动态命令标签,在"设计"选项卡中还会出现一个"绘图边框"组,如图 3-65 所示。用户可以在此组中选择"绘制表格"命令,这时光标重新变成铅笔状,用户可以绘制表格的行或列。如果对绘制的表格线不满意,可以在"绘图边框"组中选择"擦除"命令,将不需要的线执行擦除操作。

表格工具
设计
布局
快速样式
艺术字样式
1.0 磅
笔颜色
绘制表格
擦除
绘图边框

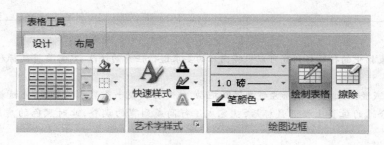

图 3－65　表格工具绘图组

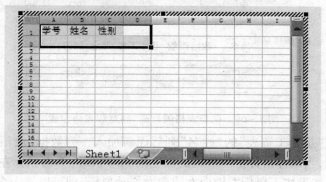

小资料：要在幻灯片中插入 Excel 图表，需要在功能区“插入”选项卡“表格”组中执行“表格”命令，在打开的如图 3－61 所示的列表中执行“Excel 电子表格”命令，系统将出现 Excel 工作窗口，拖动控制点可调整表格大小，单击单元格可输入文字或数据，效果如图 3－66 所示。

学号
姓名
性别
Sheet1

图 3－66　插入 Excel 表格

3.4.4　实训步骤

（1）在幻灯片中创建“员工工资表”，在功能区“插入”选项卡的“表格”组中单击“表格”命令，从中选择“插入表格”选项，创建一个 5 行 5 列的表格，并在表格内输入文字，最终效果如图 3－67 所示。

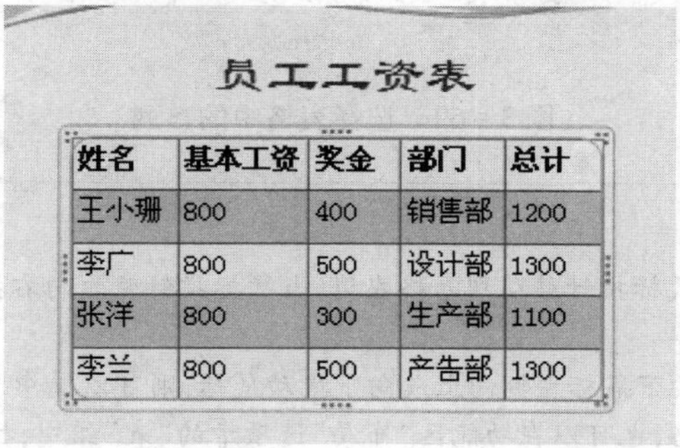

员工工资表
姓名　基本工资　奖金　部门　总计
王小珊　800　400　销售部　1200
李广　800　500　设计部　1300
张洋　800　300　生产部　1100
李兰　800　500　产告部　1300

图 3－67　插入工资表

PowerPoint幻灯片制作实训教程

表格中的行高与列宽可以根据内容的要求进行任意的修改，只需要将鼠标移动到要改变行高或列宽的横线或竖线上，按住鼠标左键并不断拖动，这时会出现一条黑色的虚线，并随着鼠标的拖动而移动，当拖动到合适的位置上松开鼠标后，就完成了行高或列宽的调整，此时黑色的虚线将消失，如图3－68所示。

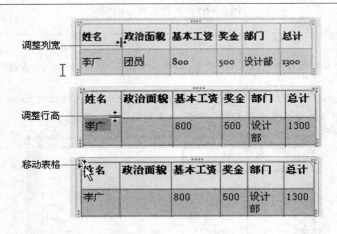

图3－68　调整表格的行高、列宽和表格位置

（2）在幻灯片"员工工资表"的"姓名"列后面新加入一列数据"政治面貌"。将鼠标指针移动到表格顶端，当鼠标指针呈向下指的黑色箭头形状时，单击鼠标左键可以选中整列，如图3－69所示。如果按下鼠标左键向左或向右拖动鼠标，则可以选中多列。

图3－69　选择表格中的整列

在表格中，将鼠标指针移动到表格左边，当鼠标指针变为向右指的黑色箭头形状时，单击鼠标左键可以选中整行。如果按下鼠标左键向上或向下拖动鼠标，则可以选中多行；选中整个表格需要在表格内部拖动鼠标选中整个表格，也可以在功能区"布局"选项卡的"表"组中，执行"选择"命令，从打开的如图3－70所示的列表中选择相应的选项，即可选定所需要的内容。

图 3-70　选择表格对象列表

（3）选中"姓名"列后，在功能区"布局"选项卡的"行或列"组中选择"在右侧插入"选项（见图 3-71），即可在"姓名"单元格后面插入新列"政治面貌"，效果如图 3-72 所示。

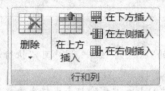

图 3-71　行和列组

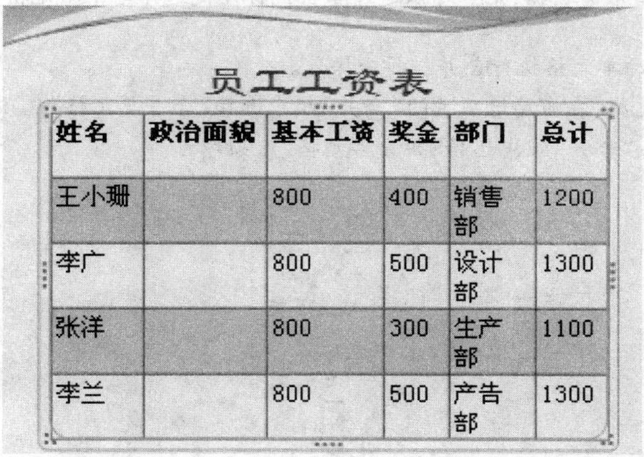

员工工资表

姓名	政治面貌	基本工资	奖金	部门	总计
王小珊		800	400	销售部	1200
李广		800	500	设计部	1300
张洋		800	300	生产部	1100
李兰		800	500	产告部	1300

图 3-72　插入列

（4）在"员工工资表"幻灯片中选择"王小珊"数据所在的行，单击"布局"选项卡"行或列"组中的"删除"按钮，将打开如图 3-73 所示的列表，从中选择"删除行"选项，即可将选中的行删除，如图 3-74 所示。

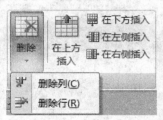

图 3-73　删除表格行或列列表

图3-74 删除选中的行

 在表格"布局"选项卡的"行或列"组中,用户可以执行删除行或列的命令,也可以删除整个表格。选中整个表格后,用户可以通过Delete键删除整个表格或表格中的内容。

对表格中的数据,用户可以通过单击鼠标左键选择单个单元格,也可以用拖动的方法选择多个单元格,并对选择的单元格执行合并与拆分操作。

选择"政治面貌"单元格,在布局选项卡的"合并"组中选择"合并单元格"选项,效果如图3-75所示。

拆分单元格只需要在"合并"组中选择"拆分单元格"选项即可。

图3-75 合并单元格

(5)选择"员工工资表"整个表格,执行"布局"选项卡"对齐方式"组中的"垂直居中"和"左对齐"命令,可将表中的文字居中排列,其效果如图3-76所示。

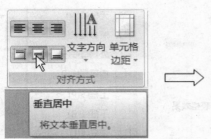

图 3 – 76　设置表格的排列方式

（6）选择"员工工资表"表格，单击"设计"选项卡"表格样式"组中的常用样式，从中选择"淡:强调6"样式应用于表格中，效果如图 3 – 77 所示。

图 3 – 77　设置表格的样式

 选择"员工工资表"整个表格，单击"设计"选项卡"表格样式"组中的"颜色填充"按钮，设置表格内部单元格的色彩填充效果；单击"表格样式"组中的"填充效果"按钮，可设置表格的发光或阴影效果；单击"边框"按钮，可设置表格边框线的粗细和样式。相应的列表如图 3 – 78 所示。

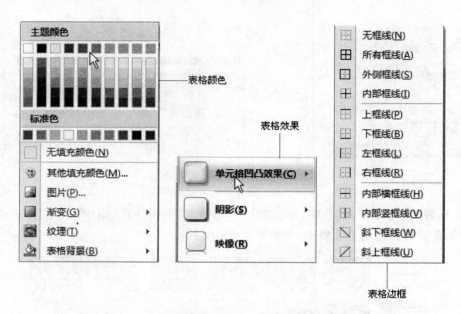

图3-78　设置表格的色彩、效果和边框列表

3.4.5　拓展练习

新建一张幻灯片,在此幻灯片中创建一个表格,名称为"学生信息表",输入相应的文字,设置表格的边框为双线并加粗。

图表是通过视觉来完成信息的传递工作,并对所示事物的内容、性质或数量具有表达准确性强的特点,是文字和图片无法取代的方式。在 PowerPoint 2007 演示文稿中,要创建出图文并茂的幻灯片,图表是不可缺少的装饰对象,它可以帮助用户很轻松地创建出具有专业水准的演示文稿。

3.5.1　实训目的

在幻灯片中,图表是用图形和文字相结合的方式向读者传达信息,它可以简明直接地表示出数据的结构特点,以帮助用户对数据进行分析并执行相应的决策。对图表的编辑操作主要体现在如何在幻灯片中插入图表、更改图表的位置,设置图表中的数据,并对图表进行美化,这些操作方法是本次实训的目的。

3.5.2　实训任务

在 PowerPoint 2007 幻灯片中,系统为用户提供了许多不同类型的图表,以帮助用户更加快捷地创建所需要的图形结构,有效地向读者传达相关信息。本次实训的任务将围绕创

建与编辑"产品销售图"的一系列操作展开,要求用户学会并熟练应用如何设置图表数据,
更改图表的属性等基本操作方法。

3.5.3　预备知识

在 PowerPoint 2007 演示文稿中,创建图表需要在"插入"选项卡的"插图"组中执行"图
表"命令,在弹出的如图 3 - 79 所示的"插入图表"对话框中选择一种产品图表样式(如柱形
图),然后单击"确定"按钮,系统弹出如图 3 - 80 所示的"Excel"窗口,要求用户输入需要的
数据,输入完毕后单击"关闭"按钮,相应的图表就会显示在幻灯片中,效果如图 3 - 81 所
示。

图 3 - 79　"插入图表"对话框

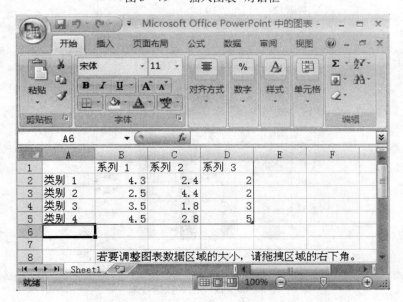

图 3 - 80　插入图表数据的 Excel 窗口

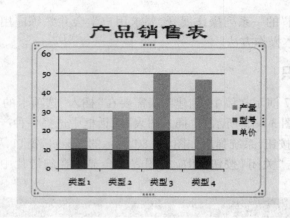

图 3 – 81　插入的图表

　对于在幻灯片中插入的图表,用户可以通过鼠标拖动的方式改变其大小和位置,方法与改变 SmartArt 图形大小、位置的方法相同。

3.5.4　实训步骤

（1）打开创建的"产品销售图表",编辑图表中的数据。在功能区"图表工具"动态命令标签"设计"选项卡的"数据"组中执行"编辑数据"命令,将再次打开 Excel 工作表窗口(见图 3 – 82),将"类型 1"数据改为"类型 S",结果如图 3 – 83 所示。

	A	B	C	D
		单价	型号	产量
类型	1	10.5	S1	10.5
类型	2	10	S2	20
类型	3	20	S3	30
类型	4	7	S4	40

图 3 – 82　Excel 数据表

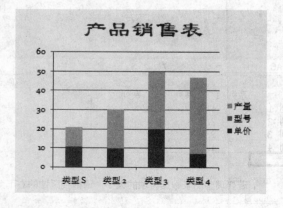

图 3 – 83　改变图表数据效果

（2）在功能区"图表工具"动态命令标签的"设计"选项卡"类型"组中选择"更改图表类型"命令，在弹出的"更改图表类型"对话框中选择图表的类型为"条形图"，单击"确定"按钮，效果如图 3 - 84 所示。

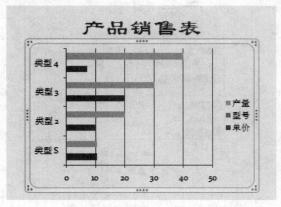

图 3 - 84　改变图表数据效果

（3）在功能区"图表工具"动态命令标签的"设计"选项卡"图表布局"组中选择一种"图表布局"样式（见图 3 - 85），更换现有图表的布局，设置后的效果如图 3 - 86 所示。

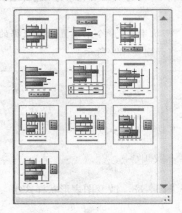

图 3 - 85　图表布局列表

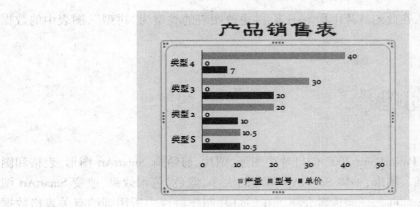

图 3 - 86　改变图表布局效果

（4）在功能区"图表工具"动态命令标签的"设计"选项卡"图表样式"组中选择一种"图表"样式来更换现有图表的外观，设置后的效果如图 3－87 所示。

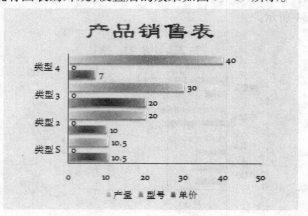

图 3－87　改变图表样式效果

对于图表中的数据，用户可以为其设置艺术字效果，方法是：利用"图表工具"动态命令标签"格式"选项卡的"形状类型"组中的"形状填充"命令来设置图表数据的颜色；利用"形状效果"命令为制作的图表添加发光效果，其相应的选项组如图 3－88 所示。

图 3－88　改变图表形状样式组

3.5.5　拓展练习

新建一张幻灯片，在此幻灯片中插入图表，并更改图表的类型为"饼型"，图表中的数据颜色设置为"蓝色"。

本章小结

本章主要介绍了 PowerPoint 2007 幻灯片中图形、图片、剪贴画、SmartArt 图形、表格和图表的相关操作，包括插入图形，编辑 SmartArt 图形的大小、颜色、艺术效果，改变 SmartArt 图形的外观样式等操作。同时，还向读者介绍了在幻灯片制作过程中所用到的有关表格数据的添加,在表格中插入行或列,合并与拆分单元格;改变图表中的数据,更换图表类型的基本操作。通过本章的学习,读者会对 PowerPoint 2007 演示文稿中有关图形、图片、表格和图表的操作有个概略的了解。

综合练习

1)简答题

(1)简述在 PowerPoint 2007 演示文稿中如何插入图片?

(2)简述如何修改"SmartArt 图形"的外观?

(3)简述如何修改图表中的数据?

2)上机题

新建一个"演示文稿",在第 1 张幻灯片中插入一副图片,为此图片添加相应的边框,如虚线;建立第 2 张幻灯片,在其中插入"SmartArt 图形"并设置其外观效果。

PowerPoint

Loading...

美化演示文稿

本章重点

▲ 幻灯片母版的设置

▲ 幻灯片背景的设置

▲ 幻灯片对象的编辑

在PowerPoint 2007 演示文稿中，一张好的幻灯片若能为它配上一幅精美的背景，添加一些别有特点的符号，将会起到画龙点睛的作用。为了使用户制作的演示文稿具有艺术的美感，不被单调的色彩遮盖它应有的光芒，我们可对其进行美化操作，如添加一些动态模板、项目符号图标，设置一个有创意的主题，并改变主题的显示效果，再加入页眉或页脚进行点缀修饰，这样就可以使创建的演示文稿具有特别的配色、背景和风格。

4.1 设置幻灯片的母版和主题

一个空演示文稿可以提供比较大的创意空间,但因为演示文稿中使用的装饰和格式设置比较多,所以,为了提高工作效率,用户一般可以利用母版来创建演示文稿。用母版这种方法创建的演示文稿,所附属的信息将直接映射到幻灯片中。因此,为了统一幻灯片的外观风格,用户可通过对幻灯片母版设计来快速实现。

4.1.1 实训目的

主题是一组设计操作,其中包含有颜色设置、字体选择、对象效果设置,在很多时候还包含背景图形,主要应用在幻灯片母版中。母版是示例幻灯片,具有各种独立的版式,用户对母版所做的任何更改都会反映在应用母版的所有幻灯片中。本次实训的目的是介绍一些有关幻灯片母版的创建,主题的编辑与修改等基本操作。

4.1.2 实训任务

幻灯片母版包含来自一个主题的设置,并将这个主题应用于演示文稿中的一张或多张幻灯片中。本次实训的任务主要介绍有关母版的相关知识,介绍母版的视图模式,更改和编辑幻灯片母版的方法,设置主题颜色和背景的基本操作。

4.1.3 预备知识

4.1.3.1 母版

幻灯片母版位于演示文稿本身之中,用户可以通过应用不同的主题来进行更改,更改后所有应用此母版的幻灯片都将发生变化。在 PowerPoint 2007 中包含三个母版,即幻灯片母版、讲义母版和备注母版。当用户需要设置幻灯片风格应用母版时,可以通过单击"视图"选项卡,在"演示文稿视图组"组中选择相应的视图(见图 4 - 1),即可在演示文稿中应用母版创建带有一系列版式的幻灯片,如图 4 - 2 所示。这时,在功能区中将出现有关"幻灯片母版"的相关操作命令按钮,如图 4 - 3 所示。

图 4 - 1　演示文稿视图组

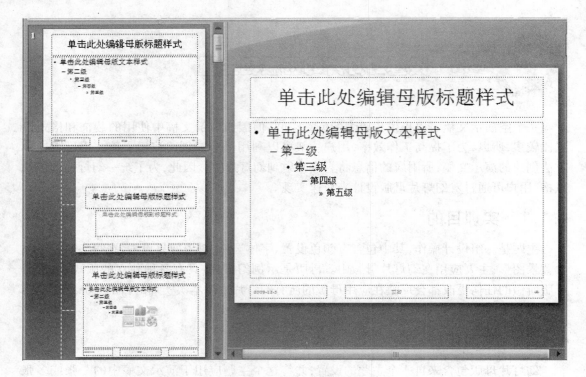

图4-2　幻灯片母版应用窗格

图4-3　幻灯片母版命令按钮组

母版的默认版式中包含标题、文本内容、日期/时间、页脚和页码五个区域。这些组件的提示文本并不会在演示文稿中显示出来,其用途和占位符一样,仅仅用于帮助人们处理相关的格式设置。

1）幻灯片母版

　　幻灯片母版是存储模板信息设计面板中的一个元素。幻灯片母版中的信息包括字形、占位符大小、位置、背景设计和配色方案。用户通过更改这些信息,就可以更改演示文稿中幻灯片的整个外观效果。

2）讲义母版

　　讲义母版是为用户制作讲义而准备的,通常需要打印输出,因此讲义母版的设置多数与打印页面有关。它允许设置一页讲义包含几张幻灯片,设置页眉、页脚、页码等基本信息。在讲义母版中插入新的对象或者更改版式时,新的页面效果不会反映在其他母版视图中。讲义母版如图4-4所示。

图 4-4　讲义母版视图

3）备注母版

　　PowerPoint 2007 为每张幻灯片都设置了一个备注页，供演讲者添加备注信息。备注母版主要用来控制注释的内容和格式，使注释具有统一的外观，一般也是用来打印输出的，所以备注母版的设置大多也和打印页面有关。当用户切换到"视图"选项卡，在"演示文稿视图"组中单击"备注母版"按钮，将打开如图 4-5 所示的备注母版视图。

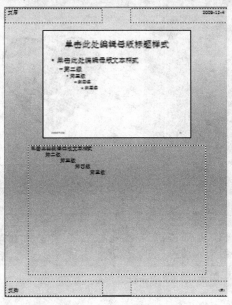

图 4-5　备注母版视图

在"备注母版"视图中,用户可以添加剪贴画、文本、页眉和页脚,上方是幻灯片缩像,可用鼠标拖动缩像改变其位置,也可改变其大小。幻灯片缩像的下方是报告人注释部分,用于输入相应幻灯片的附加说明,其余的空白处可加入背景对象。

4.1.3.2 主题

主题也称为设计主题,仅能为演示文稿提供字体、颜色、效果和背景设置。在 Power-Point 2007 中设置幻灯片的主题,需要在如图 4 – 6 所示的"设计"选项卡"主题"组中选择一种主题样式,并将其应用于幻灯片中,效果如图 4 – 7 所示。

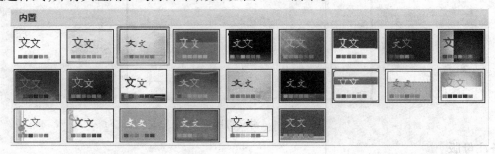

图 4 – 6 幻灯片主题列表

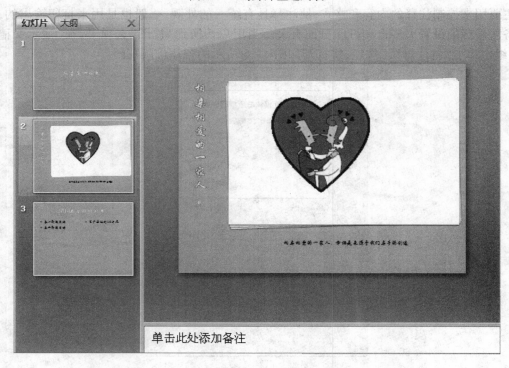

图 4 – 7 幻灯片主题应用效果图

小资料：用户对幻灯片应用一种主题后，演示文稿中的所有幻灯片就会应用同一种主题。如果用户只需要对某一张幻灯片应用主题，可以单击此幻灯片将其选中，右键单击选中的主题，在展开的如图4-8所示的列表中选择"应用于选定幻灯片"选项，即可将此主题应用于选定的幻灯片。

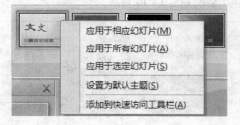

图4-8　选择幻灯片主题列表

4.1.4　实训步骤

（1）创建"幻灯片实训教程"演示文稿，在"视图"选项卡的"演示文稿"组中执行"幻灯片母版"命令，将创建一系列不同版式的幻灯片。对于应用母版创建的幻灯片，可以通过按Delete键删除不需要使用的幻灯片版式，然后在使用的幻灯片中输入有关"教程"演示文稿的内容，效果如图4-9所示。

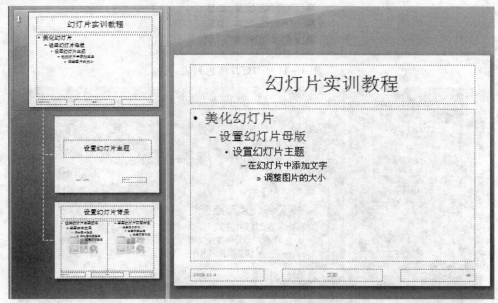

图4-9　幻灯片母版的应用效果

在演示文稿中应用母版操作后,如果母版所应用的主题样式不满足用户的需求,用户可以通过"新建幻灯片"命令创建自定义主题的样式。在"幻灯片母版"选项卡的"关闭"组中执行"关闭母版视图"命令,即可将创建的母版全部关闭,如图4-10所示。

图4-10 关闭幻灯片母版设置组

(2)在"幻灯片母版"选项卡的"编辑主题"组中选择"颜色"按钮,在弹出的如图4-11所示的颜色面板列表中设置幻灯片母版的主题颜色为"行云流水",效果如图4-12所示。

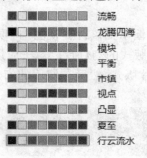

图4-11 幻灯片颜色列表

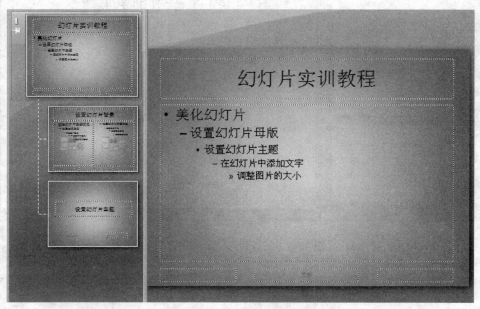

图4-12 幻灯片主题颜色效果

大视野 在幻灯片母版中设置主题颜色后,此母版下的所有幻灯片都会应用相同的主题颜色。

（3）在"幻灯片母版"选项卡的"编辑主题"组中选择"字体"按钮,在弹出的如图 4 – 13 所示的列表中设置幻灯片母版中的字体为"隶书",效果如图 4 – 14 所示。

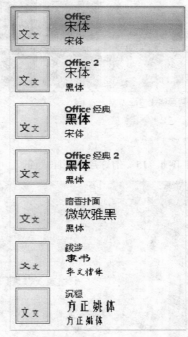

图 4 – 13　幻灯片母版字体列表

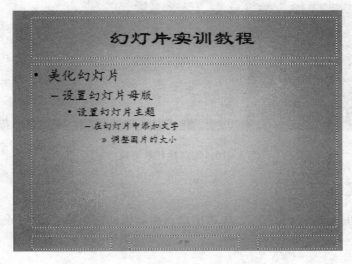

图 4 – 14　幻灯片母版字体效果

（4）选择其中的第 2 张幻灯片，然后在"幻灯片母版"选项卡的"编辑主题"组中选择"背景样式"按钮，在弹出的如图 4-15 所示的列表中选择幻灯片的背景为"样式 2"，可设置单张幻灯片的背景，其效果如图 4-16 所示。

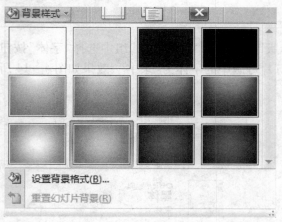

图 4-15　幻灯片背景样式面板

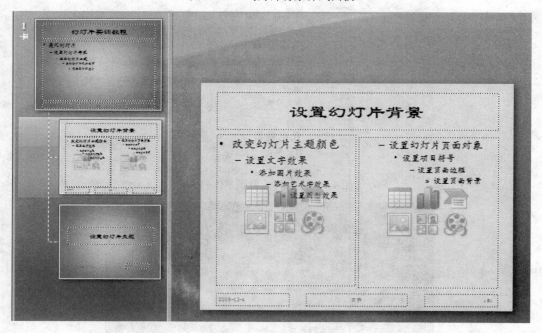

图 4-16　幻灯片背景更换效果

4.1.5　拓展练习

通过对幻灯片母版知识的学习，要求用户利用母版创建演示文稿，并设置母版的主题为"流畅"模式。

4.2　设置幻灯片的背景样式

　　背景是应用于整个幻灯片或幻灯片母版的颜色、纹理、图案或图片,其他一切内容都位于背景之上。按照准确的定义,背景应用于幻灯片的整个表面,不能使用局部背景,但可以使用覆盖在背景之上的背景图形。背景图形是一种放置在幻灯片母版上的图形图像,补充背景并与背景协同工作。无论是背景样式或者是背景图形都对演示文稿中的幻灯片起着美化、修饰的作用。

4.2.1　实训目的

　　PowerPoint 2007 内部为用户提供了几十种内置的色彩样式,人们可以根据需要选择不同的颜色来设计演示文稿。演示文稿中的这些颜色是预先设置好的协调色。本次实训的目的就是要求用户学会如何在幻灯中设置背景样式,为所选取的图片添加阴影或渐变效果,更改背景图片的位置,删除多余的背景图片等相关操作。

4.2.2　实训任务

　　一个精美的演示文稿少不了背景图片的修饰,用户可以根据实际需要,在幻灯片视图中添加、删除或移动背景图片。本次实训的任务以美化"人生如画"幻灯片为主题展开工作,介绍如何在幻灯片中添加背景,更改背景图片的底纹、图案和纹理,删除幻灯片中的设计元素等相关操作。

4.2.3　预备知识

　　在演示文稿的幻灯片中添加背景样式,需要先选中幻灯片,然后在"设计"选项卡的"背景"组中选择"背景样式"命令,在展开的列表中选取背景样式。如果对系统所提供的背景样式不满意,也可以在"背景"组中单击"对话框启动器"按钮,打开"设置背景格式"对话框,如图 4 - 17 所示。在此对话框中,用户可以自定义幻灯片的背景色彩方案,应用渐变色彩后的幻灯片效果如图 4 - 18 所示。

 在 PowerPoint 2007 中,幻灯片背景与主题颜色二者均与颜色有关,其差别在于主题颜色针对的是所有与颜色有关的项目,而背景只针对幻灯片背景。换言之,主题颜色包含有背景颜色,而背景只是主题颜色的组件之一。

　　:在演示文稿中,除了通过色彩填充幻灯片外,还可以将合适的图片作为幻灯片的背景。

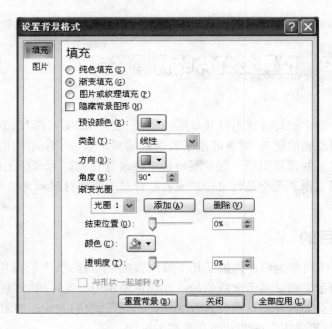

图 4 – 17 "设置背景格式"对话框

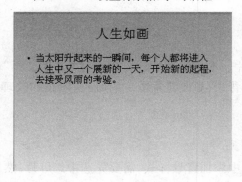

图 4 – 18 应用渐变色彩效果

　　要将选中的幻灯片设置图片背景,需要在"设置背景格式"对话框的"填充"选项中选择"图片或纹理填充"命令,在"插入于文件"对话框中选择需要的图片(见图 4 – 19),效果如图 4 – 20 所示。

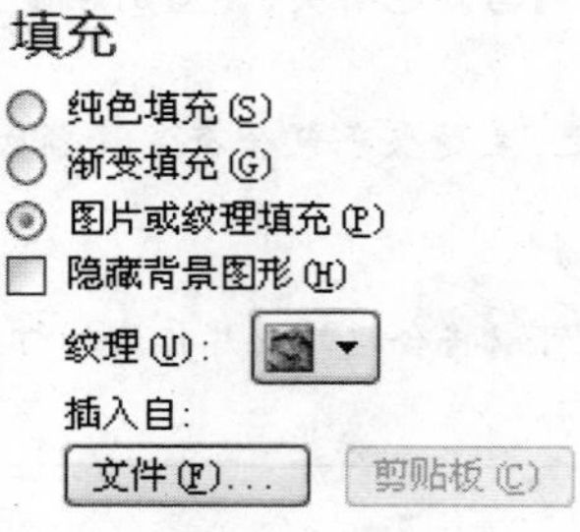

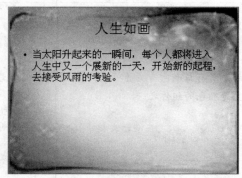

图 4 – 19 填充列表

图 4 – 20 图片填充效果图

4.2.4　实训步骤

（1）创建"人生如画"幻灯片，在"开始"选项卡的"幻灯片"组中选择"新建幻灯片命令"，新建一张"仅标题"版式的幻灯片，并输入相应的文字，效果如图4-21所示。

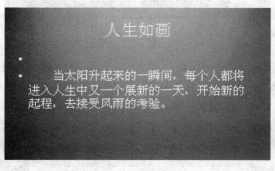

图4-21　新建幻灯片效果图

（2）设置"人生如画"幻灯片的背景样式，切换到"设计"选项卡，在"背景"组中选择"背景样式"选项，在打开的背景样式组中设置"人生如画"的背景样式为"样式7"，效果如图4-22所示。

图4-22　设置幻灯片背景效果

在"设计"选项卡的"背景"组中，如果用户选择"背景样式"列表中的"样式1"命令（见图4-23），将删除应用于幻灯片中的背景样式，原幻灯片中的背景将变为白色。

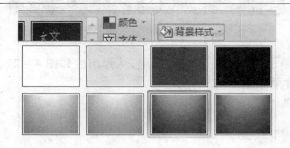

图4-23　背景样式列表

（3）在"插入"选项卡的"插图"组中选择"形状"按钮，在展开的如图4－24所示的自选图形列表中选择"横卷形"图形，在幻灯片编辑窗口中拖出自选图形的外观，效果如图4－25所示。

图4－24　自选图形列表

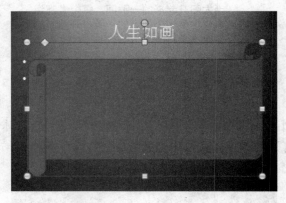

图4－25　插入自选图形效果

（4）选中插入的"横卷形"图形，在"设计"选项卡的"背景"组中单击"对话框"启动器按钮，打开"设置背景格式"对话框，在"填充"选项中选择图片填充命令，将"横卷形"图形填充为图片，效果如图4－26所示。

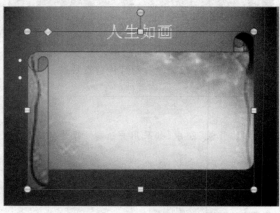

图4－26　添加图片填充效果

（5）用鼠标右键单击插入的"横卷形"图形，从弹出的如图4－27所示的快捷菜单中选择"置于底层"选项，效果如图4－28所示。

| 置于顶层(R) |
| 置于底层(K) |
| 超链接(H)... |
| 另存为图片(S)... |
| 设置为默认形状(D) |
| 大小和位置(Z)... |
| 设置图片格式(O)... |

图 4-27　位置列表　　　　　　　图 4-28　设置图片填充效

（6）选择"人生如画"背景，通过启动器按钮打开"设置背景格式"对话框。在"填充"选项中选择"渐变填充"单选按钮，在"预设颜色"列表中选择"极目远眺"样式，在类型中选择"路径"选项，设置后的效果如图 4-29 所示。

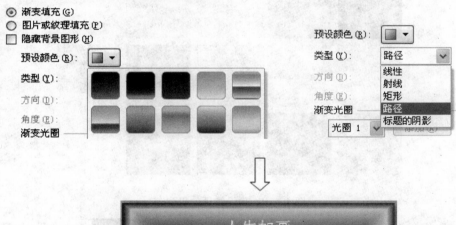

图 4-29　设置背景渐变填充效果

打开"设置背景格式"对话框,在此对话框的"填充"选项中,用户可以将幻灯片的背景设置为用"纹理填充",系统内部为用户设置了许多预设的纹理效果,如图4－30所示。设置后的效果如图4－31所示。

图4－30　预设纹理效果列表

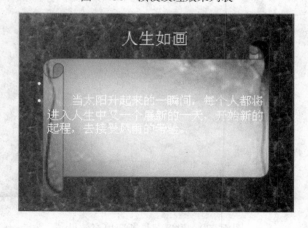

图4－31　设置纹理效果

小资料：在幻灯片中除了添加色彩或图片作为背景图形外，还可以在"设置格式背景"对话框中调整插入背景的透明度。在"设置格式背景"对话框中，用户可以用鼠标左键拖动透明度滑块，改变幻灯片背景的透明度（见图4－32），在镜像类型中设置背景的显示样式为"垂直"。"人生如画"幻灯片设置背景透明度后的最终效果如图4－33所示。

图4－32　设置图片透明度属性列表　　　　图4－33　设置图片透明度效果

4.2.5　拓展练习

创建"硕果"幻灯片，用金黄色的秋景作为幻灯片的背景。在幻灯片中插入"果树"图片，设置此图片的透明度为65%，最后输入相应的文字。

4.3　设置幻灯片页面对象

在 PowerPoint 2007 中，用户可以通过图片或图形对单一的幻灯片进行修饰，也可以通过一些色彩渐变填充效果来美化演示文稿。除了图形或色彩能装扮幻灯片的页面效果外，系统还为用户提供了一些图形或色彩无法代替的版面元素，以帮助用户更好地设计演示文稿，如使用页眉或页脚在幻灯片中添加必要的显示信息；使用网格线和标尺定位对象；使用项目符号使页面效果显示出来更有条理。

4.3.1　实训目的

在演示文稿中，用户可以在幻灯片中插入日期或页眉，也可以插入网格线、参考线或标尺来定位对象的位置，还可以使用项目符号对幻灯片中的内容进行层次修饰，使演示文稿看起来更有神。本次实训的目的是介绍如何在幻灯片中插入或删除日期、页眉、页脚、网格线、标尺或项目符号等元素的操作方法。用户只有在熟悉这些基本操作的基础上，才可以对演示文稿的外观进行设置并加以修饰。

4.3.2 实训任务

在 PowerPoint 2007 中,系统为用户提供的日期、页眉、页脚、网格线、标尺或项目符号等版面元素,对幻灯片只起到修饰的作用。在这些版面元素中,项目符号的相关操作知识是最重要的。本次实训的主要任务就是使用户学会如何在幻灯片中插入、删除、应用项目符号以及设置项目符号的方法。

4.3.3 预备知识

在 PowerPoint 2007 中,如果用户需要插入系统提供的版面元素,如页眉、页脚、日期和符号,可以在"插入"选项卡的"文本"组中选择相应的命令,即可完成对所设置版面元素的插入操作,如图 4 – 34 所示。

图 4 – 34 设置版面元素选项组

4.3.3.1 插入页眉与页脚

在制作幻灯片时,用户可以利用 PowerPoint 提供的页眉页脚功能,为每张幻灯片添加相对固定的信息,如在幻灯片的页脚处添加页码、时间、制作人等内容。在幻灯片中插入页眉或页脚,需要在"插入"选项卡的"文本"组中执行"页眉和页脚"命令,系统将弹出如图 4 – 35所示的"页眉和页脚"对话框。在"幻灯片包含内容"选项区域中选中"日期和时间"复选框,选择语言为"中文",在"页脚"文本框中输入幻灯片需要显示的文字,如"制作人:天心",单击"应用"按钮,效果如图 4 – 36 所示。

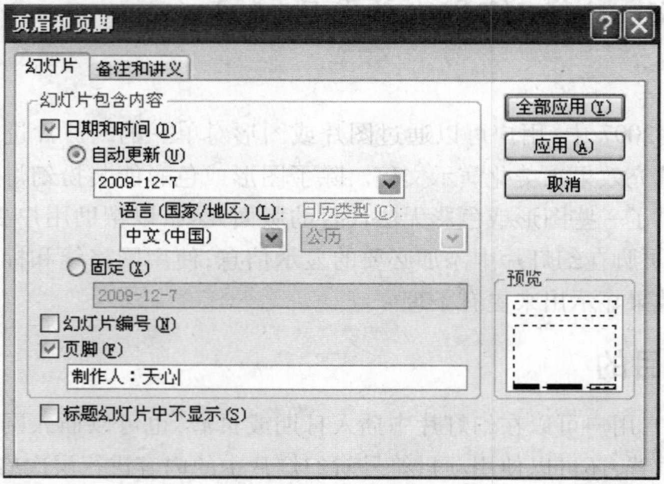

图 4 – 35 "页眉和页脚"对话框

图4－36　插入页眉和页脚效果

如果用户在"插入"选项卡"文本"组中选择"日期和时间"选项,将弹出如图4－37所示的"页眉和页脚"对话框。在此对话框中,用户可以在日期列表中选择幻灯片的日期和时间。

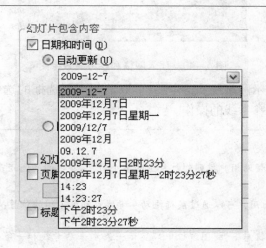

图4－37　插入日期和时间列表

4.3.3.2　使用网格和参考线

　　要显示网格或参考线,在"视图"选项卡的"显示或隐藏"组中选中"网格线"前面的复选框(见图4－38(a)),所创建的幻灯片页面中则会出现网格线。当用户用鼠标右键单击这些网格线时,将出现如图4－38(b)所示的列表,从中选择"网格和参考线"选项,将打开如图4－39所示的"网格线和参考线"对话框。在此对话框中,用户可以在间距中设置网格线之间的距离,也可以选中"在屏幕上显示绘图参考线"复选项,在页面中显示参考线,效果如图4－40所示。

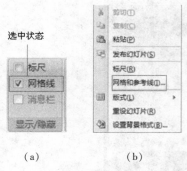

（a）　　　　　（b）

图 4-38　显示网格或参考线列表

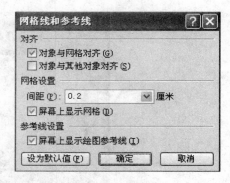

图 4-39　"网络线和参考线"对话框

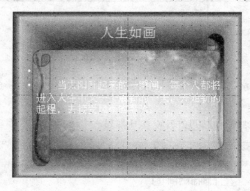

图 4-40　插入网格和参考线效果图

　　如果用户不需要显示网络线和参考线，可取消相应复选框的选中状态，使复选框为空，则实现隐藏相应网格和参考线的操作。

　网格线能够帮助用户排列幻灯片上的多个对象，线之间的间距是固定的。参考线类似于网格线，是单独的几条直线，但用户可以通过鼠标拖动参考线移动到不同的位置执行移位操作。

　　小资料：在默认状态下，视图窗口中只显示一条水平参考线和一条垂直参考线，如果用户需要添加参考线，可以将鼠标指针移动到原始水平或垂直参考线上，按住 Ctrl 键向左右或上下拖曳鼠标到所需要的位置，然后释放鼠标后，即可实现添加参考线的操作，效果如图 4-41 所示。

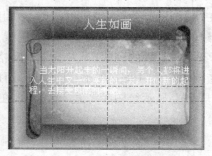

图 4-41　添加多条参考线效果

要删除某条参考线,可以将鼠标指针移动到该参考线上,按住鼠标左键拖动使参考线到视图窗口外,即可将这条参考线删除。删除参考线只对添加的参考线有效,原始的水平或垂直参考线无法删除。

4.3.3.3 使用标尺

标尺可以让用户方便、准确地在幻灯片中放置文本或图片对象。标尺分为水平标尺和垂直标尺两种,利用标尺可以移动和对齐图片或文本以及调整文本中的缩进和制表符。显示标尺需要用户在"视图"选项卡的"显示或隐藏"组中选中"标尺"前面的复选框,相应的标尺将在幻灯片中显示,如图 4-42 所示。如果取消标尺的显示,可将选中标尺的复选框状态取消,则相应的标尺将隐藏。

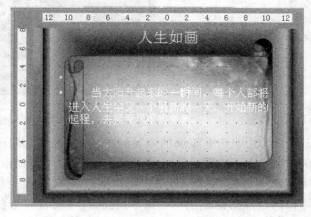

图 4-42 显示标尺效果图

4.3.3.4 使用符号

在幻灯片中,有时需要使用一些特殊的标点符号、单位符号和数字符号。插入这些特殊的符号需要将鼠标指针移动到幻灯片中需要插入符号的位置,在"插入"选项卡的"特殊符号"组中选择需要的符号,也可以单击"更多"按钮,打开如图 4-43 所示的"插入特殊符号"对话框,从中选择所需要的符号。

图 4-43 打开"插入特殊符号"对话框

4.3.4 实训步骤

（1）项目符号出现在层次小标题的开头位置，用于突出该层次小标题，标明层次小标题的顺序。只有当幻灯片包含一系列层次小标题时，才有必要添加项目符号。在需要插入项目符号的幻灯片中，用户可以在"开始"选项卡"段落"组中选择"项目符号"按钮，在弹出的如图4-44所示的列表中用户可以选择所需要的符号样式，效果如图4-45所示。

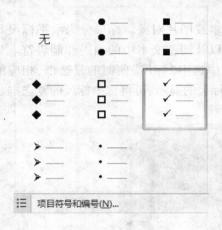

图4-44　项目符号列表　　　　　　　　　图4-45　插入项目符号效果图

（2）在"文本处理"幻灯片中选中添加的项目符号文字，在"开始"选项卡"段落"组的"项目符号"列表中，用户可以选择"项目符号和编号"选项，系统将弹出如图4-46所示的"项目符号和编号"对话框。在此对话框中，用户可以通过"颜色"命令打开颜色面板，设置项目符号的色彩，也可以通过此对话框的"大小"列表框改变项目符号的大小，最终效果如图4-47所示。

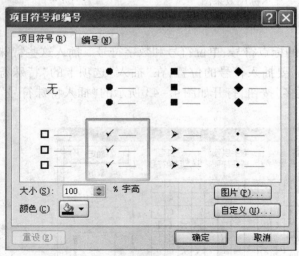

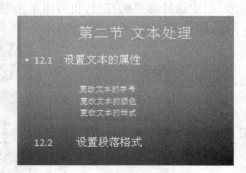

图4-46　"项目符号和编号"对话框　　　　图4-47　改变项目符号颜色效果

：在"项目符号与编号"对话框中，用户可以单击"自定义"命令，打开如图 4－48 所示的"符号"对话框。在此对话框中，用户可以选择合适的字符或符号作为项目符号的标志。

当用户在"符号"对话框中选择相应的符号后，"项目符号与编号"对话框中将出现选择的符号，用户只需要选择此符号就可以将自定义的符号应用到幻灯片的内容中，如图 4－49 所示。

图 4－48 "符号"对话框

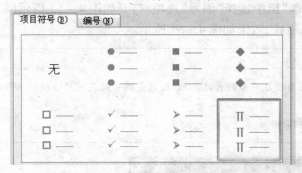

图 4－49 自定义项目符号列表

对幻灯片中的对象添加项目符号后，如果用户对添加的项目符号不满意，可以用鼠标选择添加项目符号的文本，打开"项目符号与编号"对话框。在项目符号选项卡的列表内容中，选择"无"项目符号，即可将文本取消项目符号的添加操作。

（3）在"文本处理"幻灯片中选中添加的项目符号文字，在"开始"选项卡"段落"组的"项目符号"列表中选择"项目符号和编号"选项，在弹出的"项目符号和编号"对话框中单击"图片"按钮，系统弹出如图 4－50 所示的"图片项目符号"对话框。选择需要的图片，然后单击"确定"按钮，即可在选定的文本前添加图片项目符号，如图 4－51 所示。

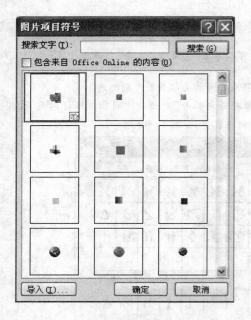

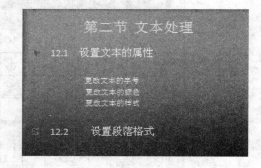

图 4 – 50　"图片项目符号"对话框 　　　　　　　图 4 – 51　插入图片项目符号效果

　　（4）在"项目符号和编号"对话框中选择"编号"选项卡，可以设置文本的编码样式、编号的颜色和大小，其设置方法与设置项目符号的方法相同，如图 4 – 52 所示。用户也可以在"开始"选项卡的"段落"组中选择"编号"选项，打开如图 4 – 53 所示的"编号"列表，为所选的文本内容设置编码格式，效果如图 4 – 54 所示。

　编号列表与项目符号列表非常相似，只是编号列表利用连续的编号或者字母替代项目符号列表中每个项目使用的相同符号。

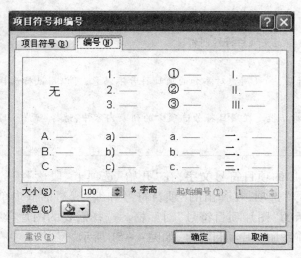

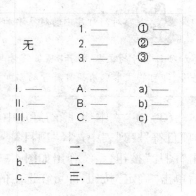

图 4 – 52　"项目符号和编号"对话框 　　　　　　　图 4 – 53　"编号"列表

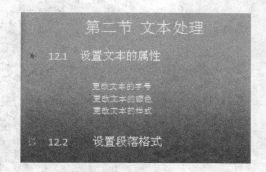

图 4 – 54　编号效果

4.3.5　拓展练习

新建一个以"产品销售规划"为主题的幻灯片,在此幻灯片中输入文字,并添加项目符号,将项目符号的颜色设置为"蓝色"。

本章主要介绍 PowerPoint 2007 幻灯片母版的创建与删除,设置母版的主题、背景样式、字体的更改以及如何在幻灯片制作过程中进行画面美化,如设置背景的色彩填充效果、在图形中填充图案,添加页眉页脚,利用网格线、参考线和标尺帮助用户排列对象的位置,通过项目符号设置幻灯片中对象的层次关系等内容。通过本章的学习,读者会对 PowerPoint 2007 演示文稿中有关色彩的相关操作有个概略的了解。

综合练习

1) 填空题

(1) 在 PowerPoint 2007 中所编辑的母版主要分为＿＿＿＿＿＿。

(2) 在 PowerPoint 2007 中,添加参考线需要按＿＿＿＿＿＿组合键。

(3) 在幻灯片中,创建母版默认包含＿＿＿＿＿＿区域。

(4) 在 PowerPoint 2007 中,设置幻灯片背景需要在＿＿＿＿＿＿选项卡中进行。

2) 简答题

(1) 简述修改 PowerPoint 2007 背景样式的操作方法。

(2) 简述如何在幻灯片中填充图片背景。

(3) 简述如何在幻灯片中插入项目符号。

3) 上机题

利用母版新建一个演示文稿,练习如何在这个演示文稿的幻灯片中添加图片背景以及如何在幻灯片中插入编号,并设置编号的颜色为"红色"。

5

插入和编辑多媒体对象

本章重点

▲ 声音文件的插入　　▲ Flash动画的插入
▲ 声音文件的长度、起止时间的设置
▲ 影片文件的插入与设置
▲ CD音乐和录音文件的插入与设置

　　随着科技的发展，很多公司的会议和教学已不仅仅局限于文字时代。为了使用户具有亲临会场的感觉，大部分公司的会议基本上是通过PowerPoint软件，将会议的主要内容制作成演示文稿来体现的。在演示文稿中，声音和视频这些多媒体在表现能力上是图形、图片、文字等对象无法比拟的。用户要想使演示文稿真正集多媒体于一身，声音和视频是必不可少的内容。制作者利用声音、动画这种流媒体方式来介绍所要表达的核心内容，以声音来传达心声，可以起到神形并茂、绘声绘色的目的，还可以使幻灯片的外在表现力更加丰富多彩。

5.1 插入影音文件

每个演示文稿的制作过程都很简单,用户要想使演示文稿的表现力更强,必须借助于更多的表现形式,如声音或动画。在 PowerPoint 2007 演示文稿的展示过程中,如果有声音或影片文件将会为幻灯片的内容增添一些生机。演示文稿中所需要的声音可以来自于剪贴库,也可以来源于视频影片,还可以来源于用户自制的 Flash 动画。

5.1.1 实训目的

在 PowerPoint 2007 演示文稿中,用户通常使用 MIDI 格式或 WAV 格式的文件作为幻灯片的背景音乐,用 WAV 文件制作简短的声音解说。本次实训的目的是介绍如何在幻灯片中插入来源于系统自带剪辑库中,或来源于用户本地盘中所存放的影视、音乐、动画等多媒体对象。

5.1.2 实训任务

在演示文稿中添加多媒体效果会使幻灯片更加生动有趣。在 PowerPoint 中,系统允许用户在合适的场景中插入背景音乐、动画和影片等对象。本次实训的目的要求用户学会如何在幻灯片中插入来自于剪辑库或影音文件中的声音以及来源于外部制作的 Flash 动画。

5.1.3 预备知识

在 PowerPoint 2007 演示文稿中可以插入的声音文件格式有多种,最常用的声音文件格式有 WAV 格式、MIDI 格式、MP3 格式和 WMA 格式等。

5.1.3.1 WAV 格式

WAV 声音格式一般指具有模拟源的任何声音文件,也可以认为是音频 CD 上的曲目,称为波形声音文件,是最早的数字音频格式。WAV 声音文件的音质与 CD 相差无几,听起来非常真实,但文件占用空间的容量比较大。WAV 格式文件包括 RMI、AU、AIF 和 AIFC 等几种。

5.1.3.2 MIDI 格式

MIDI 声音文件格式允许数字合成器和其他设备交换数据,主要用于原始乐器创作的作品,流行歌曲的业余表演,游戏音轨以及电子贺卡等。MIDI 声音文件的大小比 WAV 声音文件小,但音乐听起来可能非常假、冷淡,不真实。

5.1.3.3 MP3 格式

MP3 格式的声音文件采用的是一种音频压缩技术,将音乐压缩为以 1:10 甚至 1:12 的压缩率,在能够保证音质丢失很小的情况下把文件压缩到更小的程序。MP3 格式的声音文件体积小,音质高,现已成为网上音乐的代名词。MP3 声音文件可以从网上下载,也可以从 CD 唱片或 .WAV 转换而来,还可以购买 MP3 歌曲光盘。

5.1.3.4 WMA 格式

WMA 格式的声音文件,其音质要强于 MP3 声音文件格式,是以减少数据流量但保持音质的方法来达到比 MP3 压缩率更高的目的。WMA 文件的压缩率一般可以达到 1:18 左右。同时,WMA 声音格式还支持音频流技术,适合在网络上在线播放,而不需要安装额外的播放器。

5.1.4 实训步骤

在幻灯片中插入的声音文件可以来源于剪辑库或影片中的声音,也可以来源于用户从 Internet 网络上下载到本地盘上的声音文件,还可以是用户自制或存储的 Flash 动画。插入声音文件,需要在"插入"选项卡的"媒体剪辑"组中选择相应的影片或声音文件命令,在所需要的幻灯片中插入声音文件,如图 5 – 1 所示。

图 5 – 1 插入声音媒体剪辑组

5.1.4.1 插入剪辑库中的声音

在剪辑管理器中,系统提供了许多内置的影片或声音文件。如果用户需要在幻灯片中使用这些文件,可以先选定需要插入声音的幻灯片,然后在"插入"选项卡的"媒体剪辑"组中选择"声音"选项,在打开的如图 5 – 2 所示的选择列表中选择"剪辑管理器中的声音"选项,系统自动弹出如图 5 – 3 所示的"剪贴画"任务窗格。在此窗格的"搜索文字"文本框中输入需要的声音名称,在"结果类型"下拉列表中选择"声音"选项,即可列出搜索结果。当用户选择声音文件后,将出现如图 5 – 4 所示的系统提示框,用户可以选择"自动"或"在单击时"播放声音选项,即可完成声音文件的插入操作,效果如图 5 – 5 所示。

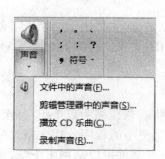

图 5 – 2 声音选择列表

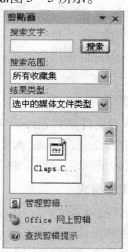

图 5 – 3 剪贴画任务窗格

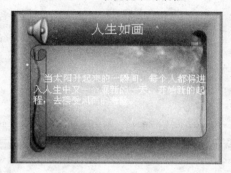

图 5-4　系统提示对话框

图 5-5　插入声音文件效果

当用户在幻灯片中插入声音文件后,幻灯片中将出现一个喇叭状的声音图标,用户可以像编辑图片文件一样,通过拖动的方法改变声音图标的大小和位置。

　　当用户需要利用文件在幻灯片中插入声音时,需要选择插入声音的幻灯片,在"插入"选项卡的"媒体剪辑"组中选择"文件中的声音"选项,在打开的如图 5-6 所示的列表中选择"文件中的声音"选项,其设置方法与插入"文件中的影片"操作方法相同。

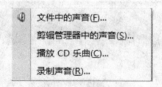

图 5-6　插入文件中的声音列表框

5.1.4.2　插入影片文件

　　在幻灯片中插入影片文件,需要用户选定要插入影片的幻灯片,然后在"插入"选项卡的"媒体剪辑"组中执行"影片"命令,在弹出的选择列表中执行"文件中的影片"命令,系统弹出如图 5-7 所示的"插入影片"对话框。在此对话框的"查找范围"文本框中选择影片文件所在的位置,选中所要插入的影片文件,单击"确定"按钮,系统弹出如图 5-8 所示的系统提示框,用户可以选择"自动"或"在单击时"播放影片选项,即可在幻灯片中插入影片,效果如图 5-9 所示。

PowerPoint幻灯片制作实训教程

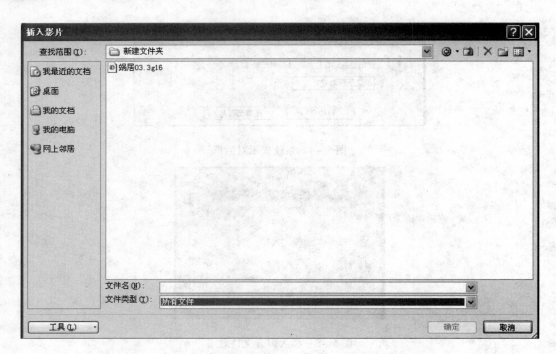

图5－7 "插入影片"对话框

图5－8 系统提示对话框

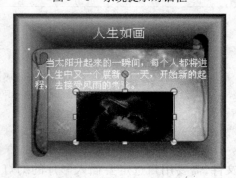

图5－9 插入影片效果

小资料：用户在"插入"选项卡"媒体剪辑"组中执行"影片"命令后,在展开的列表中用户可以选择"剪辑管理器中的影片"选项。

在展开的"剪贴画"任务窗格中,用户可以在"搜索文字"文本中输入影片文件的名称,在如图5－10所示的列表中选择"影片"文件前面的复选框,可以实现在幻灯片中插入"影片"的相关操作。

图 5-10 剪贴画任务窗格

5.1.4.3 插入 Flash 动画

（1）在 PowerPoint 2007 演示文稿中指入 Flash 动画,需要在"Office 菜单"中执行"PowerPoint 选项"命令,在打开的如图 5-11 所示的"PowerPoint 选项"对话框中选中"在功能区显示'开发工具'选项卡"复选框,单击"确定"按钮后,在功能区中将出现"开发工具"选项卡。

图 5-11 "PowerPoint 选项"对话框

（2）在演示文稿中插入 Flash 动画,需要先选中要插入动画的幻灯片,在"开发工具"选项卡的"控件"组中执行"其他控件"命令(见图5－12),在弹出的如图5－13所示的"其他控件"对话框中选择"ShockWAVe Flash Object"控件,即可在选定的幻灯片中通过鼠标拖动的方式绘制出一个 Flash 播放区域,如图5－14所示。

图5－12　动画控件命令按钮组

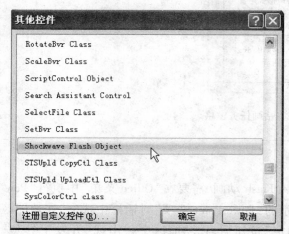

图5－13　"其他控件"对话框

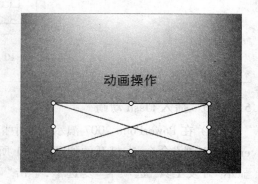

图5－14　Flash 动画播放区域

（3）当 Flash 动画区域绘制完成后,用户还需要在"控件"组中执行"属性"命令,打开如图5－15所示的"属性"对话框。单击"自定义"属性中的"对话框"按钮,打开如图5－16所示的"属性页"对话框。在"影片 URL"文本框中输入所插入的 Flash 动画地址,也可以在此对话框中设置 Flash 动画的比例、大小以及背景颜色和播放形式等属性。设置完成后单击"确定"按钮,Flash 动画将在所选定的幻灯片中进行播放,效果如图5－17所示。

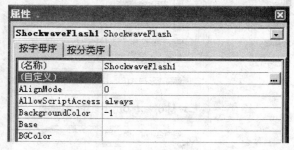

图5－15　"属性"对话框

图 5－16 "属性页"对话框

图 5－17 Flash 动画播放效果

5.1.5 拓展练习

新建一个"音乐贺卡"幻灯片,在此幻灯片中添加图片和音乐文件,练习在幻灯片中插入 Flash 动画的相关设置操作。

在演示文稿中使用声音文件最基本的方法是在幻灯片上直接放置声音剪辑作对象,一个图标会出现在幻灯片中。在演示文稿放映期间,用户只需要单击该图标就可以播放声音。如果用户需要在最恰当的时刻播放声音,还可以通过"声音"动态命令标签中的命令按钮,进行各种有关声音的设置操作。

5.2.1 实训目的

用演示文稿创建出完美的幻灯片,除了图形、图片外,还需要视频、声音或动画来表现动态的美感。本次实训的目的就是帮助用户学会如何在演示文稿中设置影音文件。

PowerPoint幻灯片制作实训教程

5.2.2 实训任务

本次实训的任务要求用户学会如何设置声音文件的播放方式,如何调整声音文件的音量,如何设置视频文件在播放时的循环方式等相关操作。

5.2.3 预备知识

在演示文稿的幻灯片中插入声音对象后,一个"喇叭"形状的声音图标会出现在幻灯片中,在功能区还将出现"声音工具"动态命令标签。在"声音工具"动态命令标签的"选项"选项卡中,包含了很多有关声音文件的设置命令,如图5-18所示。在"选项"选项卡的"声音选项"中,用户可以设置声音的插放方式,如单击时播放、循环播放以及隐藏声音图标或设置声音文件的大小等相关操作。

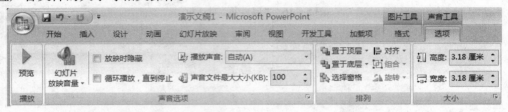

图5-18 声音选项设置组

当用户在幻灯片中插入声音文件后,如果选中"声音选项"组中的"放映时隐藏"复选框,则在播放该幻灯片时隐藏声音图标;选中"声音选项"组中的"循环播放,直到停止"复选框,则在播放该幻灯片时启动声音文件,该声音文件会循环播放,直到被放映者中止;单击"声音选项"组中的"幻灯片放映音量"按钮,将出现下拉列表,用户通过鼠标拖动的方式就可以调整音量。单击"播放"组中的"预览"按钮,即可在编辑状态下试听声音文件的播放效果。

在"声音选项"组中,用户可以通过单击声音对话框启动器按钮,打开如图5-19所示的"声音选项"对话框。在"声音选项"对话框中,用户可以设置循环播放,也可以调整声音音量的大小,还可以设置声音图标是否在幻灯片中显示或隐藏。

图5-19 "声音选项"对话框

5.2.4   实训步骤

（1）在幻灯片中插入声音文件后,在"声音工具"动态命令标签的"声音"选项组中单击"幻灯片放映音量"按钮,将弹出如图 5-20 所示的列表。在此列表中,用户可以设置声音文件的"高音"、"低音"、"中音"和"静音"选项。

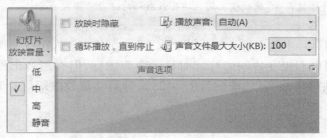

图 5-20   声音选项组

 当用户通过"声音对话框"启动器按钮打开声音选项对话框后,可以单击"声音音量"图标,打开声音音量调整列表,用鼠标左键拖动声音滑块就可以任意调整声音的大小了,如图 5-21 所示。

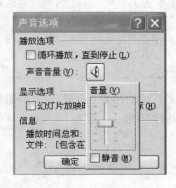

图 5-21   "声音选项"对话框

（2）在"声音工具"动态命令标签的"声音"选项组中,用户可以单击"播放声音"列表框的向下按钮,打开如图 5-22 所示的列表。在此列表中,用户可以设置声音文件是"自动"播放或者是"在单击时"播放,"跨幻灯片播放"选项是指声音文件可在多张幻灯片放映时不停地出现。

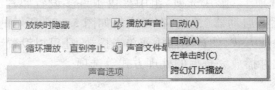

图 5-22   声音播放列表框

当用户插入声音文件时,系统会提示是在单击时播放或自动播放选项。"自动"播放会在图标出现时声音开始播放。如果没有为幻灯片设置任何动画,声音图标将在幻灯片的所有内容同时出现时播放声音。在"单击时播放声音"选项仅在用户单击该图标时才开始播放声音。

(3)为了使幻灯片中的内容有音乐的装饰,可以在其中插入声音文件,此时会出现一个声音图标。如果用户不想在放映幻灯片时显示声音图标,但有声音出现,可以在"声音选项"组中选中"放映时隐藏"复选框(见图5-23),即可实现放映幻灯片时只有声音没有声音图标的操作。

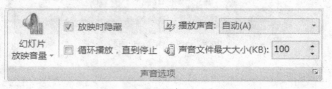

图5-23 幻灯片声音选项组

在幻灯片中,如果用户要"隐藏"声音图标,可以将它拖到幻灯片之外的地方,声音仍然能够产生,但听众看不到其图标。如果将声音剪辑设置为只在单击时播放,则不要将它拖到幻灯片的外面,否则在放映过程中,没有办法播放声音。

(4)幻灯片中的声音文件除了自动播放、通过鼠标单击播放外,还可以循环播放,直到用户单击时才停止。设置声音循环播放,只需在"声音选项"组中选择"循环播放,直到停止"复选框,如图5-24所示。

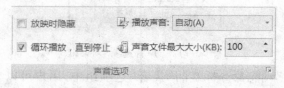

图5-24 选中"循环播放,直到停止"复选框

(5)在幻灯片中插入影片文件后,功能区中将出现"影片文件"动态命令标签,在此动态命令标签的"选项"选项卡"影片选项"组中提供了许多设置影片文件的命令按钮,如图5-25所示。单击"对话框启动器"按钮,在弹出的如图5-26所示的"影片选项"对话框中可以设置影片文件的播放方式,如自动播放或单击播放,还可以设置影片文件是否循环播放或全屏播放以及影片文件播放完毕后的处理方式等选项。

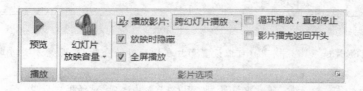

图 5-25 幻灯片影片选项命令按钮组

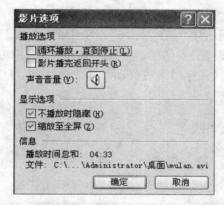

图 5-26 "影片选项"对话框

（6）在幻灯片中插入影片文件后,如果用户在"影片文件"动态命令标签"选项"选项卡的"影片选项"组中选择了"全屏播放"和"循环播放,直到停止"复选框(见图 5-27),所插入的影片文件将处于全屏并循环播放状态。

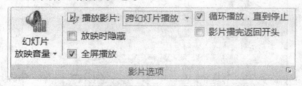

图 5-27 设置影片全屏并循环播放

 在"影片选项"组中,用户可以在播放影片列表中设置所插入影片的播放方式,可以是自动、单击播放和跨幻灯片播放,其方法和意义与声音文件相同,如图 5-28 所示。同时,用户还可以选择"影片播完返回开头"命令前面的复选框,使其处于所中状态,在影片播放完毕后会回到影片播放的起始位置。

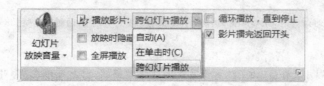

图 5-28 设置影片文件的播放方式

在"影片选项"组中,用户可以设置影片在播放时的音量,其设置方法与声音文件的设置方法相同,可以在"幻灯片放映音量"列表中设置,也可以在"影片选项"对话框中设置。

(7)影片文件默认设置的播放方式是用鼠标单击或自动播放,用户可以将其设定为指向它时播放,或者响应鼠标不播放。在"插入"选项卡的"链接"组中,单击"动作"按钮,打开如图5-29所示的"动作设置"对话框。在此对话框中,用户可以在"单击鼠标"或"鼠标移动"选项卡中设置影片是在鼠标单击或移动时播放影片,也可以设置影片"无动作"选项。

图5-29 "动作设置"对话框

:在幻灯片中插入声音文件或影片文件,用户都可以通过"选项"选项卡"播放"组中的预览命令查看最终效果。

在幻灯片中插入影片文件后,为了观看影片是否能正常播放,用户可以在"影片工具"动态命令标签"选项"选项卡的"播放"组中单击"预览"按钮,这时所插入的影片将在幻灯片中进行播放,效果如图5-30所示。

图 5 – 30　播放影片效果

5.2.5　拓展练习

创建"演讲稿"幻灯片,在其中插入"有关 Word 教程"的视频文件,然后设置视频文件的音量为"中",播放方式为"循环播放"。

5.3　插入 CD 乐曲与录制声音

视频文件除了可以直接从互联网上获得外,还可以通过真人利用摄像机采用"录音"的方式获得。通过"录音"的方式,用户发挥的空间性比较大,可以录制一些歌曲,也可以录制一些演讲稿,还可以为演示文稿的内容设计一些文章旁白,让观看者亲身体会到有亲临演示现场的感觉,这样将对公司的产品或自己的作品起到良好的宣传作用。

5.3.1　实训目的

随着科技的发展,现在大部分的电子产品都带录音的功能,用户可以随时随地录制自己的所想所得,并插入到幻灯片中,通过合适的图形画面表现出逼真的效果。本次实训的目的是讲解如何利用幻灯片中的录音功能录制声音,插入 CD 音乐,并对插入的声音或录制的声音文件进行设置,以达到更好的效果。

5.3.2　实训任务

本次实训的任务是介绍如何在演示文稿中设置 CD 音乐的播放次序,如何调整 CD 音乐的播放音量以及如何在幻灯片中录制声音等相关操作。

5.3.3　预备知识

在 PowerPoint 2007 演示文稿中,如果用户需要插入"CD"音乐或通过"录音"的方式将自己喜欢的歌曲插入"幻灯片"中,可以在"插入"选项卡的"媒体剪辑"组中单击"声音"图标,在弹出的如图 5 – 31 所示的列表中可以进行录音。

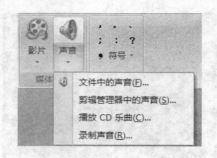

图5-31 声音选项列表框

5.3.3.1 录制声音

用户可以录制自己的声音，或者录制相关的旁白放入演示文稿中，其方法是：在"插入"选项卡"媒体剪辑"组中单击"声音"图标，在打开的列表中选择"录制声音"选项，系统弹出如图5-32所示的"录音"对话框。在此对话框中，用户可以进行声音录制操作，最后单击"确定"按钮，幻灯片中将出现"声音"图标，如图5-33所示。通过"声音"预览命令听取所录制的声音文件。

图5-32 "录音"对话框

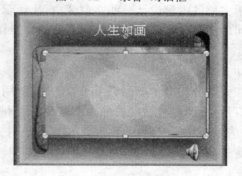

图5-33 录制声音效果

在"声音选项"组中，用户可以设置录制声音的音量、播放方式，所有适合声音文件的设置方式对录制的声音文件同样适用。在"录音"对话框中，单击"开始录制"按钮也可以录制声音。当声音录制结束后，可以单击"停止录制"按钮；如果要回放声音，可以单击"播放"按钮。

5.3.3.2 插入 CD 音乐

在幻灯片中插入 CD 音乐的方法是：在"插入"选项卡的"媒体剪辑"组中单击"声音"按钮，在打开的列表中选择"播放 CD 音乐"命令，系统弹出如图 5-34 所示的"插入 CD 乐曲"对话框。在此对话框中，用户可以设置开始曲目和结束曲目，调整音乐的音量等选项，设置好后单击"确定"按钮，将出现系统提示框。用户可以选择"自动"或"在单击时"播放声音选项，即可在幻灯片中插入 CD 音乐，幻灯片中将出现"CD"图标，如图 5-35 所示。用户可以通过"声音"预览命令听取所插入的 CD 乐曲。

在"开始曲目"文本框中指定开始曲目编号，在"结束曲目"文本框中输入结束曲目编号。

如果只需要播放一首曲目，"开始曲目"和"结束曲目"的编号应该一样。如果要播放不连续的曲目，只能在单击时间旁边的上、下箭头之一之后，才能更改开始或结束音乐的时间。

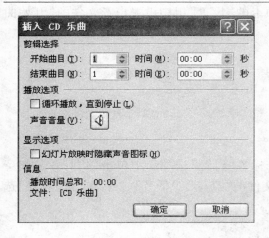

图 5-34　插入 CD 音乐对话框

图 5-35　插入 CD 音乐效果

5.3.4　实训步骤

（1）在幻灯片中插入 CD 音乐后，在"插入 CD 乐曲"对话框中，用户可以在"开始曲目"中输入 1，在结束曲目中输入 4，将播放 CD 乐曲中的第 1、2、3、4 首曲目，如图 5-36 所示。

（2）如果用户设置是从第 1 首乐曲中播放声音文件，但想跳过前奏，可以在"插入 CD 乐曲"对话框的"时间"文本框中输入该乐曲的开始时间。例如，从曲目的第 40 秒开始播放，可键入 00:40，如图 5-37 所示。

默认情况下，PowerPoint 播放整个曲目。如要用户需要在某一具体位置停止播放正在演唱的曲，可以在"时间"文本框中输入该曲目的结束时间。

 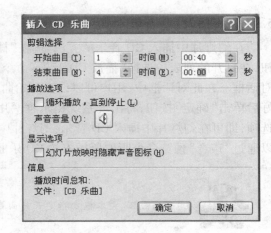

图5-36　"插入CD乐曲"对话框　　　　图5-37　设置CD音乐的开始播放时间

（3）在幻灯片中指定要播放的曲目和开始播放的位置，可以单击幻灯片上的CD图标，在"CD音频工具"动态命令标签的"选项"选项卡的"设置"组中设置声音文件的"开始曲目"和"结束曲目"，如图5-38所示。

图5-38　CD音乐设置组

（4）用户可以在"CD音频工具"动态命令标签"设置"选项组中单击"幻灯片放映音量"命令，在弹出的声音调整列表中设置声音文件的"高音"、"低音"、"中音"和"静音"选项，如图5-39所示。

图5-39　声音调整列表框

在"设置"组中，用户可以在播放曲目列表中设置所插入CD音乐的播放方式，可以是自动、单击播放和跨幻灯片播放，其方法和意义与声音文件相同，如图5-40所示。

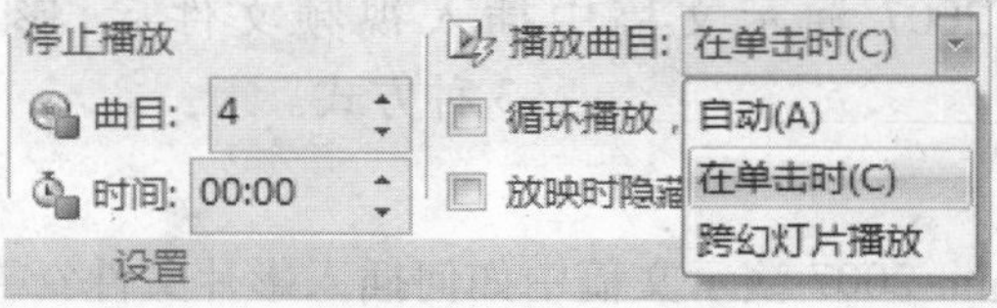

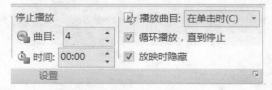

图 5 - 40　设置 CD 音乐的播放方式

小资料：当用户在幻灯片中插入 CD 音乐文件后，如果选中"设置"组中的"放映时隐藏"复选框，则在播放该幻灯片时隐藏 CD 图标；选中"声音选项"组中的"循环播放，直到停止"复选框，则在播放该幻灯片时启动 CD 文件，该 CD 文件会循环播放，直到被放映者中止，如图 5 - 41 所示。

图 5 - 41　设置 CD 音乐的属性

5.3.5　拓展练习

新建一个以"我爱音乐"为主题的幻灯片，在此幻灯片中通过录音功能录制一首用户喜欢的歌曲，并设置歌曲为"在单击时"播放的方式。

本章主要介绍 PowerPoint 2007 幻灯片中有关声音、视频文件的相关插入与设置知识，如插入本地存储器中的声音文件或 CD 文件，设置这些声音文件的音量、播放方式；插入用户制作的 Flash 动画；插入电影视频短片，并设置这些短片的循环方式、播放顺序；以及通过录音的方式插入录音文件等。通过本章的学习，读者会对 PowerPoint 2007 演示文稿中有关多媒体文件的相关操作有个概略的了解。

综合练习

1) 填空题

(1) 在 PowerPoint 2007 中所编辑的声音文件常用的格式是_____。

(2) 在 PowerPoint 2007 中，插入 Flash 动画需要在_____选项中进行。

(3) 在幻灯片中插入视频文件后，在"影片选项"组中可调整声音文件的音量有_____、_____、_____、_____4 种方式。

（4）在 PowerPoint 2007 演示文稿中插入视频文件后，影片文件的播放方式有
＿＿＿＿＿＿、＿＿＿＿＿＿、＿＿＿＿＿＿ 3 种方式。

2）简答题

（1）简述在 PowerPoint 2007 演示文稿中如何插入影片文件？

（2）简述如何在幻灯片中录制声音？

（3）简述如何在幻灯片中调整插入声音文件的音量？

3）上机题

在"我的电脑"D 盘中创建"梦想"演示文稿，练习如何在这个演示文稿中插入一段影片，并通过录音方式为插入的影片文件设置旁白。

6

设置演示文稿的动态效果

本章重点

- ▲ 自定义动画的编辑
- ▲ 动画效果的更改与调整等设置
- ▲ 动画效果的切换
- ▲ 超链接的插入

　　动画是增强演示文稿交互性、形象性、生动性的重要手段。当演示文稿中没有合适的实况影片可以表达作者的意图时，数字动画就是渲染幻灯片中对象的最有力工具。它可以创建非常真实的三维仿真实况，大大提升演示文稿的诉求力和感染力。在 PowerPoint 2007 演示文稿中，动画效果主要分为进入效果、强调效果、退出效果和路径效画，而特定动画效果的实现，还需要用户在各种效果中加以巧妙组合和精心设计，才能为演示文稿增强动感特效。

6.1 添加自定义动画

自定义动画能使幻灯片中的文本、形状、声音、图像、图表等对象具有动态效果,可以使用户所要表达的内容重点突出,以控制信息的流程,提高演示文稿的趣味性。如果用户希望演示文稿中的幻灯片、文本、图片、占位符和段落等项目通过某种效果表现出特色,可以利用自定义动画为这些对象添加进入、强调、退出或路径等特效。

6.1.1 实训目的

在 PowerPoint 2007 演示文稿中,系统为用户提供了自定义动画效果,制作者可以为幻灯片内部中的各个对象设置动作特效,如为文本添加飞入动作,为图表添加淡出动作,为图片添加百叶窗特效等。本次实训的目的是介绍如何在演示文稿中设置对象的自定义动画效果,使制作的幻灯片具有美妙的动感。

6.1.2 实训任务

自定义动画分为项目动画和对象动画,其中项目动画是指为文本中的段落设置的动画,对象动画是指为幻灯片中的图形、表格、图表、图片等对象设置的动画。对图形、表格和图表等对象添加特效,可以设置进入式动画特效、强调式动画特效、退出式动画特效和动作路径式动画特效。本次实训的任务就是要求用户学会如何为幻灯片中的对象应用自定义动画效果。

6.1.3 预备知识

在演示文稿中,为幻灯片中的对象添加自定义动画效果,需要先选中添加动画效果的对象,然后在"动画"选项卡的"动画"组中选择"自定义动画"选项,系统自动打开如图 6-1 所示的"自定义动画"任务窗格。在此窗格的"添加效果"列表中,用户可以为选定的对象添加动画特效。

 为幻灯片中的对象添加了动画效果后,在"自定义动画"任务窗格的自定义动画列表中,对象所设置的动画效果按顺序从上到下排列。在幻灯片中播放动画的项目会标注上非打印编号标记,该标记对应于列表中的效果,在幻灯片放映视图中不显示,如图 6-2 所示。

图 6-1　打开"自定义动画"任务窗格

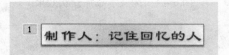

图 6-2　添加动画效果图

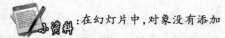

小资料：在幻灯片中,对象没有添加动画效果前,"自定义动画"窗格中的"修改"选项区域中的命令按钮以及"删除"和"播放"按钮都处于灰度状态,不能使用,如图 6-1 所示。只有用户为演示文稿中的对象添加了动作后,这些命令按钮方能使用。例如,为"文本"添加"百叶窗"效果后,"自定义动画"任务窗格如图 6-3 所示,用户可以重新更改所设动画的效果。

图 6-3　"自定义动画"任务窗格

6.1.4 实训步骤

6.1.4.1 进入式动画

设置幻灯片或幻灯片中的对象进入演示文稿时的动画效果,需要先选定对象(如文本),然后在"动画"选项卡的"动画"组中选择"自定义动画"选项,打开"自定义动画"任务窗格。在任务窗格中单击"添加效果"按钮,在弹出的如图6-4所示的动画选择列表中选取"进入"效果,在展开的下一级级联菜单中为选定的文本对象设置"盒状"动画效果。

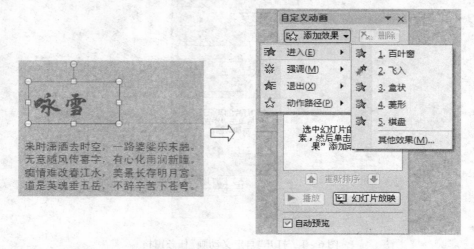

图6-4 为文本添加盒状效果

在演示文稿中,系统为对象提供了4类动画效果,分别为"进入"、"强调"、"退出"和"动作路径"。当鼠标移到其中某一类动画效果上时,将会出现相应的级联菜单。在此级联菜单中,用户可以选择不同的动画效果。

在如图6-4所示的"进入"动画效果的级联菜单中,如果提供的动画效果不能满足需求,用户可以单击"其他效果"命令,打开如图6-5所示的"添加进入效果"对话框。在此对话框中,系统提供了多种动画效果以供用户使用。

6.1.4.2 强调式动画

设置幻灯片或幻灯片中的对象在播放过程中的动画效果,需要先选定对象(如图片),然后在"动画"选项卡的"动画"组中选择"自定义动画"选项,打开"自定义动画"任务窗格。在此任务窗格中单击"添加效果"按钮,在打开的如图6-6所示的列表中执行"强调"命令,在展开的下一级级联菜单中为选定的图片对象添加"陀螺旋"动画。用户还可以选择"其他效果"选项,在弹出的如图6-7所示的"添加强调效果"对话框中为选择的图片对象设置强调动画效果。

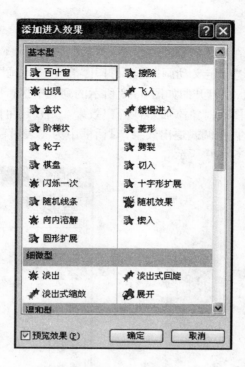

图 6-5 "添加进入效果"对话框

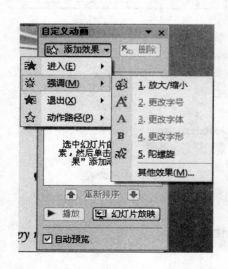

图 6-6 为图片添加强调效果列表

图 6-7 "添加强调效果"对话框

6.1.4.3 退出式动画

设置幻灯片中的对象在退出时的动画效果,需要先选定对象(如图表),然后在"动画"选项卡的"动画"组中选择"自定义动画"选项,打开"自定义动画"任务窗格。在此任务窗格中单击"添加效果"按钮,在打开的如图6-8所示的列表中执行"退出"命令,在展开的下一级级联菜单中为选定的图表对象添加"百叶窗"效果。用户还可以执行"其他效果"命令,在弹出的如图6-9所示的"强调式退出效果"对话框中为图表对象设置退出效果。图表对象设置动作后的效果如图6-10所示。

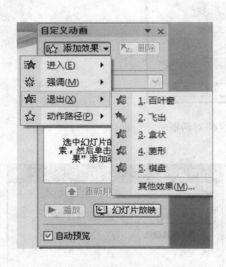

图6-8 为图表添加退出效果列表

图6-9 添加退出效果对话框

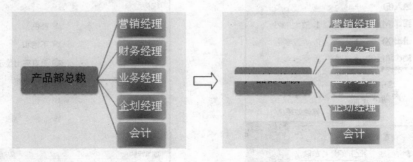

图6-10 为图表添加退出效果

6.1.4.4 动作路径动画

设置幻灯片对象沿某条路线产生动画,需要先选定对象(如图片),然后在"动画"选项卡的"动画"组中选择"自定义动画"选项,打开"自定义动画"任务窗格。在此任务窗格中单击"添加效果"按钮,在打开的如图6-11所示的列表中选取"动作路径"效果,在展开的下一级级联菜单中为选定的图片对象添加"螺旋向右"运动动画。用户还可以执行"其他动作路径"命令,在弹出的如图6-12所示的"添加动作路径"对话框中为图片对象设置路径动画效果。图片对象设置动作后的效果如图6-13所示。

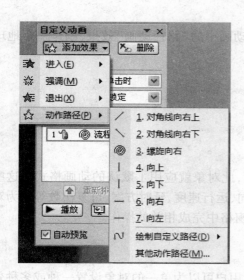

图6-11 为图片添加动作路径效果列表　　　　图6-12 添加动作路径对话框

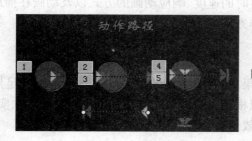

图6-13 为图片添加动作路径效果

小资料:用户为幻灯片中的对象设置动作路径时,除了使用系统提供的路径外,还可以在"自定义动画"任务窗格的"动作路径"列表中选择"绘制自定义路径"选项,打开如图6-14所示的列表。

在此列表中,用户可以选择曲线命令,然后绘制线条作为动画移动的路径,其效果如图6-15所示。

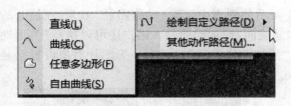

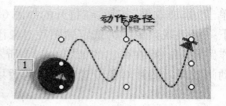

图6-14　绘制动画路径效果列表框　　　　　图6-15　绘制路径动画效果

6.1.5　拓展练习

创建以"动作"为主题的幻灯片,通过自定义动画中的"路径动画"效果,制作一个地球绕椭圆运动的幻灯片动画效果。

当用户为幻灯片中的对象添加了动画效果后,此对象就应用了默认的动画格式。这些动画格式主要包括动画开始运行的方式、变化方向、运行速度、延时方案、重复次数等。为对象重新设置动画效果,可以在"自定义动画"任务窗格中完成相关的操作。

6.2.1　实训目的

在演示文稿中,系统提供的动画效果有多种,用户可以为单一的对象设置一种或多种效果,还可以为添加效果后的动画设置播放时的速度、响应动画的方式以及动画在播放过程中的进入方向等,这些相关的动画设置操作方法是本次实训的主要目的。

6.2.2　实训任务

在演示文稿中为对象添加了动画效果后,系统默认的动画效果并不一定满足用户的需求。为了达到更加完美的境况,用户可以根据实际需要对动画进行设置。在本次实训中,最主要的任务就是介绍如何设置动画的播放速度、方向以及播放方式等相关操作。

6.2.3　预备知识

为演示文稿中的对象设置动画效果,除了使用"动画"组中的"自定义动画"命令创建外,还可以在"动画"选项卡"动画"组中单击"动画"按钮,在弹出的如图6-16所示的列表中设置"淡出"、"擦除"或"飞入"效果。如果用户对这几种动画效果不是太满意,可以在此列表中选择"自定义动画"选项,打开"自定义动画"任务窗格,然后再设置动画效果。例如,对创建的"圣诞老人"幻灯片中的"圣诞树"对象,用户可以选择动画列表中的"飞入"特效,其效果如图6-17所示。

图 6-16　系统预设动画效果列表框

在"动画"选项卡"动画"组中的动画效果,只针对幻灯片中的单个对象,在没有选中幻灯片中某个对象的前提下,"动画"组中的动画效果处于灰度状态,不能被使用。

图 6-17　设置对象的飞入动画效果

6.2.4　实训步骤

（1）打开创建的"圣诞快乐"幻灯片,在"动画"组中选择"自定义动画"命令,为幻灯片中的英文字母添加"进入"动画中的"飞入"效果,如图 6-18 所示。

（2）在"自定义动画"任务窗格中,单击动画效果列表中的飞入效果,效果周围出现一个边框,用来表示该动画效果被选中,同时,任务窗格中的"添加效果"按钮变为"更改"按钮,如图6-19所示。单击"更改"按钮,可以重新设置文本对象的动画效果为"盒状"。

图6-18　为文本添加飞入动画效果　　　　图6-19　更改文本飞入动画效果

如果对添加的动画效果执行删除操作,可以在"自定义动画"任务窗格下方的效果列表中选中需要删除的动画效果,单击"删除"按钮,即可删除选定的动画。

（3）对幻灯片中的文本添加"盒状"动画效果后,如果"自定义动画"任务窗格中的设置不能达到用户的要求,可以通过动画的高级设置来进行调整。在"自定义动画"窗格中选中为文本添加的动画效果后面的按钮,在打开的如图6-20所示的列表中选择"效果选项"选项,将打开如图6-21所示的"盒状"效果选项对话框。在此对话框中,用户可以设置动画的播放方向、声音和计时效果。

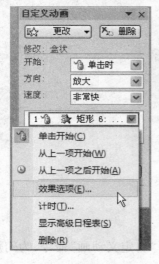 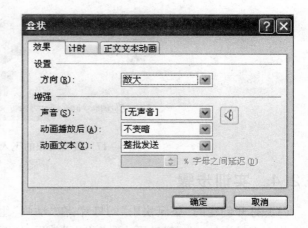

图6-20　效果选项列表框　　　　　图6-21　"盒状"效果选项对话框

除了文本对象可以设置"高级效果选项"外,对幻灯片中的其他对象,如图表、图片、表格和图形等,如果自定义动画效果列表中的效果不能满足需要,都可以通过"效果选项"命令,打开相应的"效果选项"对话框,对动画进行更进一步的精确设置。

:为幻灯片中的图片设置了路径动画,如果用户需要对设置的动画进行精确的路径修改,可单击动画效果后面的按钮,从中选择"效果选项"选项,在弹出的如图6-22所示的"自定义路径"对话框中设置路径的状态、是否自动翻转等选项。

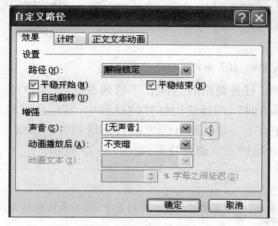

图6-22　"自定义路径"对话框

(4)为幻灯片中的多个对象添加动画效果后,添加动画效果的顺序就是幻灯片放映时的播放次序。如果用户需要更改动画次序,可在"自定义动画"任务窗格的播放列表中选中需要调整播放次序的动画效果,然后通过窗格底部的"上移"按钮或"下移"按钮调整此动画的播放次序。

在"自定义动画"任务窗格的播放次序列表中,用户单击"上移"按钮表示可以将该动画的播放次序提前,单击"下移"按钮表示将该动画的播放次序向后移一位。选择要移动的动画效果,在效果列表中将其拖曳到合适位置,也可实现更改动画效果播放序列的移动操作,如图6-24所示。

图 6 – 23　"自定义动画"任务窗格　　　　　图 6 – 24　移动动画效果列表

　　（5）在"自定义动画"任务窗格的"开始"下拉列表框中,用户可以选择一种开始播放动画的方式,例如选择"单击时",在播放幻灯片的过程中,鼠标在屏幕上单击时,将展示该动画效果;选择"之前",则在下一项动画开始之前自动展示该动画效果;选择"之后",则在上一项动画结束后,自动开始展示该动画效果,如图 6 – 25 所示。

在"自定义动画"任务窗格的播放次序列表中,在动画前面标有鼠标标志,说明其动画为单击事件;没有鼠标标志和数字标号,说明此动画为"之前"播放方式。如果用户需要更改动画播放方式,可以在"开始"下拉列表中进行方式选择操作。

　　（6）在"自定义动画"任务窗格的"方向"下拉列表中,用户可以选择一种播放方式（如选择"从底部"播放或从"从右上部"播放）,以更改动画的播放方向操作,如图 6 – 26 所示。

　　　　　　　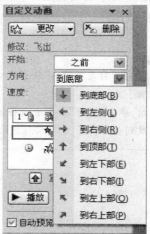

图 6 – 25　"开始"动画设置列表框　　　　　图 6 – 26　设置动画的播放方向效果

设置动画对象播放时的方向还可以通过选择动画效果后面的按钮,选择"效果选项"选项,打开相应的"效果选项"对话框(如文本"飞出"效果对话框),在此对话框"设置"选项区域中的"方向"列表中,用户也可以设置动画方向,如图6-27所示。

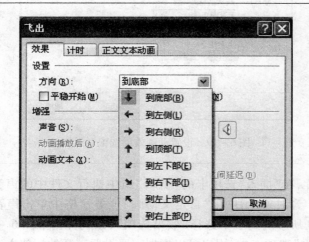

图6-27 "飞出"动画效果选项对话框

(7)在"自定义动画"任务窗格的"速度"下拉列表中,用户可以为设置的动画对象选择一种播放速度(如选择"非常快"播放或"中速"播放),以更改动画的播放快慢操作,如图6-28所示。

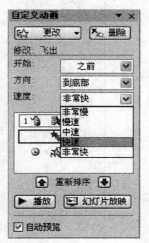

图6-28 设置动画的播放速度效果

:设置动画对象播放时的速度还可以通过选择动画效果后面的按钮,选择"效果选项"选项,打开相应的"效果选项"对话框(如文本"飞出"效果对话框),在此对话框的"计时"选项卡的"速度"列表中精确地设置动画快慢,如图6-29所示。

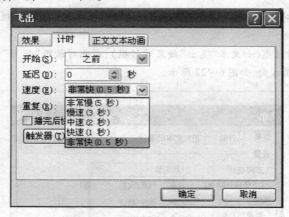

图6-29 设置动画效果选项对话框

(8)选择幻灯片,在"插入"选项卡的"剪辑"组中执行文件中的声音命令,为幻灯片添加背景音乐。选中声音对象,用户在"自定义动画"任务窗格中单击声音右侧的三角按钮,在打开的如图6-30所示的列表中选择"效果选项",系统弹出如图6-31所示的"播放声音"对话框。在"效果"选项卡中,用户可以根据需要设置声音的播放方式。

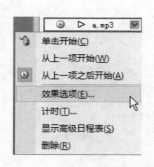

图6-30 声音设置列表框   图6-31 "播放 声音"效果选项设置对话框

小资料:用户可以为文本、图形、图表等对象添加声音效果,借此丰富幻灯片的演示。为幻灯片中的对象添加声音效果,打开"播放 声音"效果选项对话框,在"计时"选项卡中置声音是否延时或重复多久播放,如图6-32所示。

图 6-32　"计时"选项卡

（9）为幻灯片中的对象设置动画效果后，在"自定义动画"任务窗格中的播放序列中选择动画，单击"播放"按钮，可预览动画效果。如果要观看动画序列中的整个动画播放效果，则可以在"自定义动画"任务窗格中单击"幻灯片放映"命令按钮，可观看到整个动画的播放效果。

在"自定义动画"任务窗格中选择"播放"动画按钮后，所设置的动画效果将在幻灯片中显示，并且在窗格底部会出现时间标志和移动日程表，每项选定的列表项旁边将出现粗线，表示预览动画时可见；日程表将以秒为单位说明每个动画的计时情况，如图 6-33 所示。

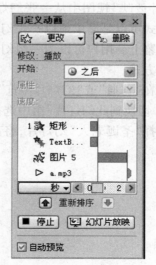

图 6-33　"自定义动画"任务窗格

6.2.5 拓展练习

打开"圣诞老人"幻灯片,更改圣诞老人对象的动画效果,设置动画的方向为"从底部"进入,速度为非常快,音乐为循环播放。

6.3 设置幻灯片切换效果

在 PowerPoint 2007 演示文稿中,系统为文本或多媒体对象添加了特殊的视觉效果和声音效果功能,如图片溶解效果,或者使显示的图表自动播放声音效果等。除了对对象设置动画效果外,用户还可以通过相应的切换命令设置幻灯片与幻灯片之间的动画切换效果。

6.3.1 实训目的

在幻灯片中,用户可以为不同的对象设置动画效果,而幻灯片的切换操作则是针对演示文稿中的整个幻灯片。设置幻灯片的切换是指从一张幻灯片切换到下一张幻灯片所产生的动画效果。本次实训的目的是介绍如何利用系统提供的切换效果设置幻灯片之间的过渡以及过渡时是否带有声音选项和切换速度的相关操作。

6.3.2 实训任务

幻灯片的切换效果主要是在"动画"选项卡的"切换到此幻灯片"组中通过选择相关的效果选项完成的。本次实训的任务是创建"秋菊"演示文稿,设置每张幻灯片在切换过程中的效果以及切换方式和速度的快慢等操作。

6.3.3 预备知识

幻灯片切换效果是在"幻灯片放映"视图中从一张幻灯片移到下一张幻灯片时出现的类似动画效果。幻灯片的切换方式可以是简单地以一张幻灯片代替另一张幻灯片,也可以是幻灯片以特殊的效果出现在屏幕上。用户可以为一组幻灯片设置同一种切换方式,也可以为每张幻灯片设置不同的切换方式。

设置幻灯片的切换效果需要在"普通"或"幻灯片浏览"视图中查看或选择幻灯片(见图6-34),然后在"动画"选项卡的"切换到此幻灯片"组中选择系统提供的多种动画预设切换效果,如图6-35所示。例如,选择"圣诞老人"幻灯片,将其设置为"溶解"动画,其效果如图6-36所示。

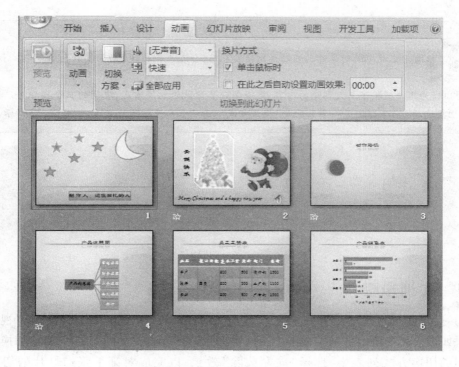

图 6 – 34　幻灯片浏览视图窗口

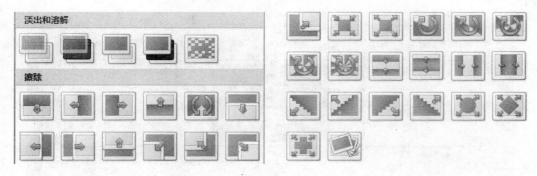

图 6 – 35　系统预设的动画切换效果

图 6 – 36　幻灯片切换效果

PowerPoint幻灯片制作实训教程

演示文稿中的幻灯片设置动画切换效果后,会在左侧出现"动画播放"图标。在"切换到此幻灯片"组中,为用户提供了三大部分的内容:第一部分是预设的切换方式;中间的三个按钮分别是"切换声音"、"切换速度"、"全部应用";右面的是"换片方式",由两个复选框项目组成,如图6-37所示。

图6-37　幻灯片切换组

6.3.4　实训步骤

(1)打开创建的"秋菊"演示文稿,在演示文稿窗口的底部选择"幻灯片浏览"视图命令，效果如图6-38所示。在此视图中选择第1张幻灯片,在"动画"选项卡的"切换到此幻灯片"组的切换方式列表中,选择"向左擦除"效果,以完成对第1张幻灯片的切换设置操作。

图6-38　幻灯片浏览视图模式

在幻灯片切换效果方式中,即使用户在"切换到此幻灯片"组的"切换方式"列表中选择"无切换效果"作为幻灯片之间的过渡效果(见图6-39),系统也会执行从一张幻灯片到另一张幻灯片的切换操作,切换动作仍然会发生,只是没有特殊的效果而已。

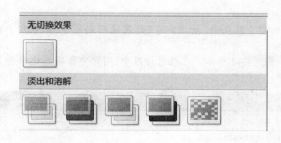

图6-39　幻灯片无切换效果列表框

（2）选择"秋菊"演示文稿中的第2张幻灯片,在"切换到此幻灯片"组中的"切换效果"列表中选择"顺时针回旋"切换方式,效果如图6-40所示。然后在如图6-41所示的"切换声音"列表中为第2张幻灯片设置"风铃"声音效果。

图6-40　幻灯片切换效果图

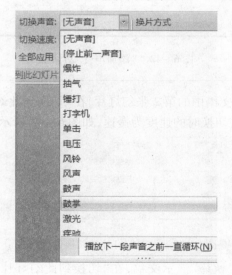

图6-41　设置幻灯片切换声音效果列表

 在系统为用户提供的"切换声音"列表中,"无声音"指的是不指定声音;"停止前一声音"指的是停止已经播放的任何声音,一般应用于前一声音特别长,并且在切换到下一张幻灯片时声音还没有结束的情况,也适应于使用"播放下一段声音之前一直循环"切换的情况;"播放下一段声音之前一直循环"指的是设置所选择的任何声音连续循环直到或者触发另一声音时,切换设置为"停止前一声音"的出现。

小资料:在系统为用户提供的"切换声音"效果选项列表中,如果用户选择"其他声音"选项,将打开"添加声音"对话框,如图6-42所示。在此对话框中,用户可以将本地磁盘上的声音文件设置为幻灯片的声音切换效果。

图6-42 "添加声音"对话框

(3)选择"秋菊"演示文稿中的第2张幻灯片,在"切换到此幻灯片"组的"切换速度"列表中,设置第2张幻灯片在切换时的速度为慢速,如图6-43所示。

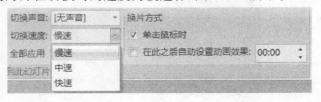

图6-43 设置幻灯片的切换速度列表

(4)打开用户创建的"秋菊"演示文稿,在"切换到此幻灯片"组的"换片方式"中为用户提供了两种切换方式:默认的换片方式为"单击鼠标时",即通过单击鼠标来控制幻灯片之间的切换;"在此之后自动设置动画效果"方式是将幻灯片设置为每隔几秒钟自动换片。自动换片的时间单位和格式是"分:秒",如"00:06",就是在6秒后自动切换下一张幻灯片,如图6-44所示。

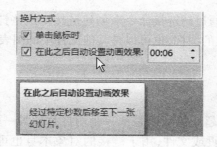

图 6－44　设置幻灯片的换片方式

大视野：在"切换到此幻灯片"组中，"全部应用"选项是将应用于当前幻灯片中的所有切换效果应用于该演示文稿中的所有幻灯片，而不仅仅是当前选中的幻灯片。

小资料：当用户为演示文稿中的幻灯片设置了切换效果后，可以通过"切换到此幻灯片"组中的"预览"命令按钮查看所设置的切换效果，如图 6－45 所示。

图 6－45　预览幻灯片的切换效果

6.3.5　拓展练习

创建"新年计划"演示文稿，在此演示文稿中创建 4 张幻灯片，设置每张幻灯片之间的过渡效果，并加入"声音"慢速切换方式的设置。

6.4　设置幻灯片的超链接

在 PowerPoint 2007 演示文稿中，可用于超链接的对象很多，包括文本、自选图形、图表和图片等。用户可以利用系统自制好的动作按钮来创建超链接，也可以选择相应的图形、文本、符号,或者是动作按钮,通过超链接命令来创建链接。这些链接到的目的地址可以来源于演示文稿中某张幻灯片上的图标,也可以是其他文件中的图表,还可以来源于互联网上的具体网页或电子邮件地址。

6.4.1 实训目的

在 PowerPoint 2007 中,超链接可以是从一张幻灯片到另一张幻灯片的链接,其链接的目标对象可以是图像、Web 页或文件,用于链接的对象本身也可以是文本或对象。本次实训的目的是介绍如何在幻灯片中插入动作按钮来实现链接操作以及如何设置超链接,以实现对象的跳转操作。

6.4.2 实训任务

超链接可在用户单击时将其带到下一张幻灯片,或者带到不同站点的页面,也可以实现对象的显示操作。大部分的超链接一般带有下划线,也可以是图片。在此次实训中,最主要的任务就是要求读者能熟练应用超链接的插入与设置操作。

6.4.3 预备知识

动作按钮可以帮助我们实现在幻灯片内部的跳转,或者作外部链接,使用非常方便。用户只需要打开幻灯片,在需要添加动作按钮的对象上,通过"插入"选项卡"插图"组中的"形状"按钮,打开如图 6 – 46 所示的形状列表框。从中选择动作按钮中的任意一个按钮,例如声音或下一个命令,然后拖动鼠标打开如图 6 – 47 所示的"动作设置"对话框。在此对话框的"单击鼠标"选项卡中选中"超链接到"单选按钮,在其下拉列表中执行"下一张幻灯片"命令。为了增强按钮的特效,用户还可以选中"单击时突出显示"命令前面的复选框,最后单击"确定"按钮即可。

图 6 – 46 自定义形状列表框

图 6–47 "动作设置"对话框

当用户在幻灯片中插入动作按钮后,用鼠标双击此动作按钮,在功能区中将出现"绘图工具"动态命令标签,用户可在此标签的"格式"选项卡中像设置自选图形一样调整动作按钮的大小、形状、颜色等信息。

：创建动作按钮后,用户可以根据需要对动作按钮进行编辑,方法为:在动作图形上单击鼠标右键,打开如图 6–48 所示的快捷菜单,可选择"取消超链接"选项,也可以选择"编辑超链接"选项,打开"动作设置"对话框,再次对添加的动作按钮进行指定目标的重新链接,也可以设置取消超链接的相关操作。

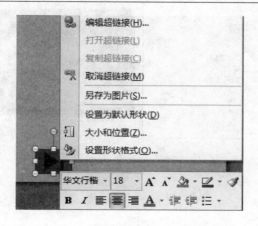

图 6–48 动作编辑列表框

6.4.4 实训步骤

（1）超链接与动作按钮相似,只是超链接可以方便地对图形或文本进行"链接"设置。打开"秋菊"演示文稿,选中第1张幻灯片中的"制作人:爱菊人"文本,作为设置超链接的幻灯片对象,如图6-49所示。

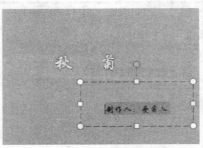

图6-49 选择超链接对象

（2）在"插入"选项卡的"链接"组中选择"超链接"选项,系统弹出如图6-50所示的"插入超链接"对话框。在此对话框中选择"本文档中的位置"选项,在选择位置列表中选择"下一张幻灯片"作为链接到的目标幻灯片,然后单击"确定"按钮。设置完成后的效果如图6-51所示。

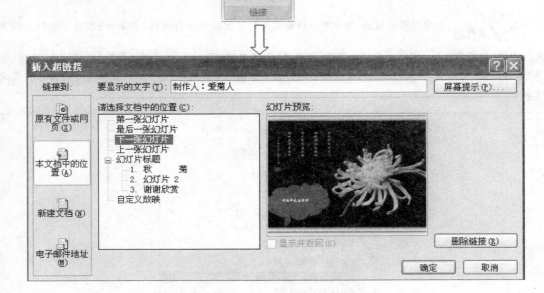

图6-50 "插入超链接"对话框

图 6 – 51　超链接设置效果

在"插入超链接"对话框中,左侧栏目是系统为用户提供的 4 种链接来源选择,可以来源于某个具体的网页或文本,也可以是当前幻灯片中的某个具体对象,还可以链接到一个电子邮件地址。对话框右上角的"屏幕提示"按钮,可用来添加链接对象时的提示信息。在播放幻灯片效果时,如果鼠标触及到链接效果热区时,鼠标右下方将出现链接提示信息,效果如图 6 – 52 所示。

图 6 – 52　设置链接提示信息效果图

小资料:打开"秋菊"演示文稿,选中第 2 张幻灯片中的"自选图形",选择"超链接"命令,在"插入超链接"对话框选择"原文件或网页"选项,在查找列表中选择链接的对象为演示文稿"诗经"选项,即可在放映演示文稿时调用诗经演示文稿,如图 6 – 53 所示。

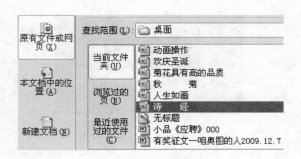

图6-53 设置超链接的原文件列表框

（3）打开"秋菊"演示文稿，选中第3张幻灯片中的"谢谢欣赏"文本，选择链接到"电子邮件地址"列表选项，在"电子邮件地址"文本框中输入邮箱地址（见图6-54），然后单击"确定"按钮。设置完成后的放映效果如图6-55所示。

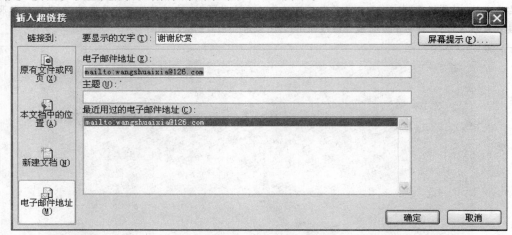

图6-54 设置电子邮件链接

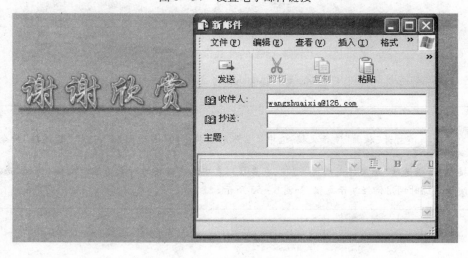

图6-55 链接电子邮件效果

 如果用户创建的超链接为 Web 地址,一般以 http:// 或者 WWW 开头的字串,PowerPoint 演示文稿会自动将其转换成超链接;如果用户链接的对象是电子邮件地址,地址中间不能有空格,并且在电子邮件地址中间有 @ 符号。

（4）演示文稿在放映过程中,移动鼠标指针到超链接对象上时,鼠标指针变成手形,此时可通过单击超链接对象打开所链接的内容。对于添加了超链接的对象,用户也可以在此对象上右键单击鼠标,在弹出的如图 6－56 所示的快捷菜单中"取消超链接"命令,也可以选择"编辑超链接"命令,打开"编辑超链接"对话框,再次对添加的超链接对象重新指定链接目标,或执行删除超链接的相关操作。

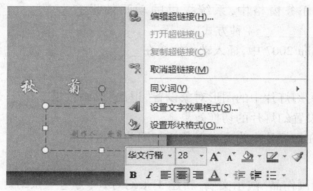

图 6－56 编辑超链接快捷菜单

 如果用户需要更改显示的超链接文本,可以像编辑幻灯片中的普通文本一样,将插入点移动到超链接中,通过按 Backspace 键或者 Delete 键删除不需要的文本,并重新输入。

6.4.5 拓展练习

打开创建的"秋菊"演示文稿,选择"秋菊"文本,将其设置为超链接,链接的对象为本地磁盘中新建的"菊花. txt"文件。

本章小结

本章主要介绍了 PowerPoint 2007 幻灯片中的动画设置操作,如利用"自定义动画"任务窗格为演示文稿中的图片、表格、文本等对象设置进入、强调、退出或路径等动画以及设置动画效果的播放速度、进入方向等内容。同时,还介绍了有关幻灯片的切换知识,为演示文稿中的幻灯片设置预设的动画切换效果和声音效果,并为幻灯片中的对象设置超链接,将外部的网页、图片、电子邮件等对象,在幻灯片播放的过程中插入到当前的放映窗口中,起到提示说明的作用。通过本章的学习,读者会对 PowerPoint 2007 演示文稿中有关动画的相关操作有个概略的了解。

综合练习

1) 填空题

(1)在 PowerPoint 2007 演示文稿中,所编辑的动画主要是在_____窗格中进行的。

(2)在 PowerPoint 2007 自定义任务窗格中,动画的播放方向有_____种。

(3)在自定义任务窗格中,系统提供的动画效果有_____、_____、_____、_____ 4 种方式。

(4)在 PowerPoint 2007 中,插入动作按钮在_____选项卡中设置。

2) 简答题

(1)简述如何为幻灯片中的图形对象设置"退出"动画效果。

(2)简述如何设置幻灯片的切换效果。

(3)简述如何在幻灯片中为文本对象添加图片的超链接。

3) 上机题

创建"第一个动画作品"演示文稿,新建 4 张幻灯片,为这 4 张幻灯片设置溶解的切换效果,并在第 1 张幻灯片中将标题文本对象设置为演示文稿的超链接效果。

PowerPoint

Loading...

7
放映幻灯片

本章重点

▲ 设置幻灯片的自定义放映方式
▲ 排练计时的设置
▲ 控制幻灯片的放映
▲ 录制旁白

　　制作演示文稿的最终目的是向观众演示成果，以让信息得到发布。PowerPoint 2007 演示文稿提供了多种放映和控制幻灯片展示的方法，如正常放映、计时放映、录音放映、跳转放映等。用户可以选择最为理想的放映速度与放映方式，使幻灯片的放映结构清晰、节奏明快、过程流畅，以适应各种场合的需要，如产品发布会、教师讲课。不管最后采用何种演示方式，演示的效果和在计算机上放映的效果是一样的，也就是所谓的所见及所得。

7.1 设置幻灯片的放映方式

当用户制作好演示文稿后,可以通过显视器或投影仪手动放映幻灯片,也可以在无人看管的情况下在展台视频设备中自动运行幻灯片的动画效果。PowerPoint 2007 为用户提供了多种演示文稿的放映方式,最常用的是幻灯片页面的演示控制,主要有幻灯片的定时放映、连续放映和循环放映。

7.1.1 实训目的

幻灯片是 PowerPoint 2007 演示文稿编辑的主要对象,而制作好的演示文稿的最终动画效果只有通过相应的幻灯片放映方式才可观看。在 PowerPoint 2007 演示文稿中,系统为用户提供了连续放映、循环放映、自定义放映和缩略图放映 4 种常见的放映方式,这 4 种放映方式各有各的特点和方法,本次实训的目的就是介绍如何在演示文稿中,利用这几种放映方式播放幻灯片的动画效果。

7.1.2 实训任务

演示文稿是由多张幻灯片组成的,不同的幻灯片其内容不同,可以设置的动画效果也不相同。为了使制作的演示文稿达到理想中的状态,用户可以通过系统提供的"幻灯片放映"命令来观看演示文稿的最终效果。本次实训的主要任务是要求用户学会如何启动和退出幻灯片的放映,如何使用"自定义放映"命令放映用户指定的动画效果,如何使演示文稿中的幻灯片实现循环放映的操作。

7.1.3 预备知识

7.1.3.1 启动幻灯片放映

在 PowerPoint 2007 演示文稿创建成功后,用户可以在"视图"选项卡的"演示文稿视图"组中选择"幻灯片放映"命令,即可播放用户制作的演示文稿的最终动画效果,如图 7 – 1 所示。当最后一张幻灯片播放完后,将出现黑色屏幕,并且在屏幕的最上方显示"放映结束,单击鼠标退出放映"的提示语。单击鼠标后,将退出放映状态,返回到编辑状态。同时,用户也可以通过屏幕右上角的"幻灯片放映"视图按钮,观看演示文稿的播放效果。

用户通过按 F5 或 Shift + F5 组合键也可以观看演示文稿的播放效果。通过按屏幕右下方的"幻灯片放映"按钮或 Shift + F5 组合键放映演示文稿,显示的第 1 张幻灯片将是当前在 PowerPoint 中选中的幻灯片;执行"视图"组中的"放映"命令或按 F5 键放映演示文稿,将从第 1 张幻灯片开始放映。

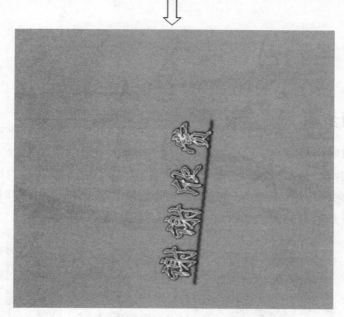

图 7-1 放映幻灯片效果图

7.1.3.2 退出幻灯片放映

演示文稿在放映过程中，如果用户需要停止放映，可以用鼠标右键单击正在播放的幻灯片，从弹出的如图 7-2 所示的快捷菜单中执行"结束放映"命令，即可实现幻灯片的停止播放操作，返回到演示文稿的普通视图中。

停止幻灯片的放映效果，用户可以通过按 Esc 键、-键（减号），或者 Ctrl + Break 组合键实现此操作。如果用户需要在幻灯片播放过程中临时暂停放映操作，可以通过按 W 键清屏，或按（逗号）键显示白屏，或者按 B 键、句号键显示黑屏；恢复放映效果可按任意键。

图 7 – 2   结束幻灯片放映列表

7.1.4   实训步骤

7.1.4.1   定时放映幻灯片

在设置幻灯片定时放映效果时,需要在"动画"选项卡的"切换到此幻灯片"组中选择换片方式中的时间调整按钮(见图 7 – 3),设置每张幻灯片在放映时的停留时间。当等待到设定的时间后,幻灯片将自动向下放映。

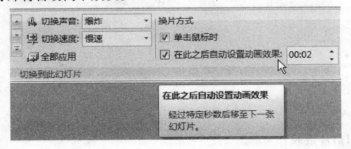

图 7 – 3   设置定时放映幻灯片组

为当前选定的幻灯片设置自动切换时间后,演示文稿就会进入定时放映设置。如果在此基础上,再单击"切换到此幻灯片"组中的"全部应用"按钮,为演示文稿中的每张幻灯片设定相同的切换时间,就可以实现幻灯片的连续自动放映。

7.1.4.2   循环放映幻灯片

要将演示文稿设置为循环放映,需要在"幻灯片放映"选项卡的"设置"组中执行"设置幻灯片放映"命令,打开如图 7 – 4 所示的"设置放映方式"对话框,在"放映选项"区域中选中"循环放映,按 Esc 键终止"复选框,则在播放完最后一张幻灯片后,演示文稿会自动跳转到第 1 张幻灯片开始继续播放,而不是结束放映,直到用户按 Esc 键退出放映状态。

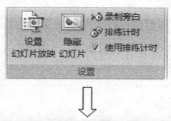

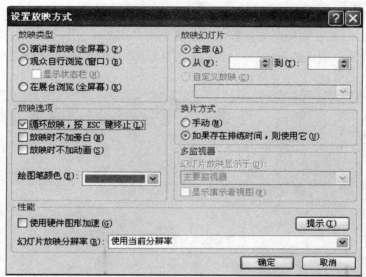

图7-4 设置放映方式对话框

小资料：在"设置放映方式"对话框的"放映类型"中，为用户提供了三种放映方式（见图7-5）：

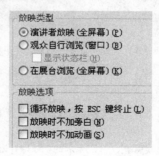

图7-5 设置幻灯片放映类型

（1）演讲者放映：常用的全屏放映方式，用户可以手动或自动切换动画。

（2）观众自行浏览：演示文稿可以由观众自己操作，并提供了命令在放映时移动、编辑、复制或打印幻灯片。

（3）在展台浏览：可以使演示文稿自动运行，而不需要由人专门播放。在放映过程中，不可以改变演示文稿，当无人操作的时间间隔为5分钟以上时，它就会自动重新开始播放。

在幻灯片中启动展台浏览模式时,键盘导航是不可能使用的。用户必须利用幻灯片上的动作按钮或超链接进行控制,也可以通过按 Esc 键退出"幻灯片放映"视图。

7.1.4.3 缩略图放映幻灯片

幻灯片缩略图放映是指 PowerPoint 演示文稿中的幻灯片可以在屏幕的左上角显示动画播放时的缩略图,从而在编辑时方便预览。设置幻灯片的缩略图放映效果,需要进入"普通视图",然后选择第 1 张需要显示的幻灯片,按住 Ctrl 键的同时选择"视图"选项卡中的"幻灯片放映"按钮,实现如图 7-6 所示的效果。

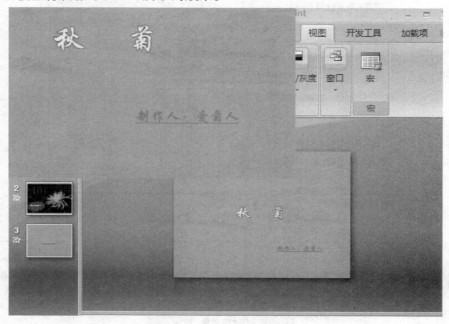

图 7-6　缩略图放映幻灯片效果图

在使用缩略图放映幻灯片时,正在播放中的幻灯片窗口会按照用户设置的方式播放。如果用户单击普通视图中的幻灯片后,将出现如图 7-7 所示的"幻灯片放映"提示对话框。用户可以单击"重新开始幻灯片放映"命令,演示文稿将继续以"缩略图"方式进行播放。

图 7-7　幻灯片放映提示对话框

7.1.4.4　自定义放映幻灯片

除了正常的放映幻灯片以外,用户也可以自定义幻灯片的放映。在"幻灯片放映"选项卡的"开始放映幻灯片"组中单击"自定义幻灯片放映"按钮,在弹出的如图7-8所示的列表中选择"自定义放映"选项,系统将弹出"自定义放映"对话框,如图7-9所示。

图7-8　自定义幻灯片放映列表

图7-9　"自定义放映"对话框

单击"新建"按钮,将打开如图7-10所示的"定义自定义放映"对话框。在"在演示文稿中的幻灯片"栏中选择需要自定义放映的幻灯片,单击"添加"按钮,将幻灯片添加到"在自定义放映中的幻灯片"栏中,通过"上移"或"下移"按钮可调整自定义幻灯片的位置,最后单击"确定"按钮,即可完成幻灯片的自定义放映操作。

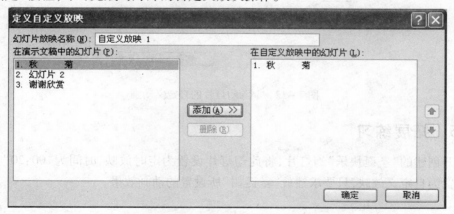

图7-10　"定义自定义放映"对话框

在幻灯片中,自定义放映效果设置完成后,单击"确定"按钮,系统将返回到如图7-9所示的"自定义放映"窗口,用户可以在此窗口中选择"放映"命令,察看所设置的动画。当自定义动画创建成功后,在"开始放映幻灯片"组中的"自定义幻灯片放映"列表中,用户可以通过选择所创建的"自定义动画"名称进行播放操作,如图7-11所示。

图7-11 自定义幻灯片放映列表

:在"自定义幻灯片放映"列表中,用户可以通过选择所创建的自定义动画名称打开"自定义放映"对话框,选中需要编辑的幻灯片,单击"编辑"按钮,系统弹出"定义自定义动画"对话框,在"自定义放映中的幻灯片"列表中选择需要删除的幻灯片,单击"删除"命令即可执行删除操作,如图7-12所示。

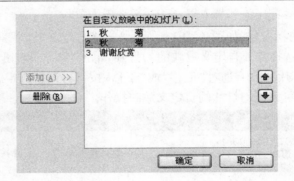

图7-12 删除幻灯片的自定义动画

7.1.5 拓展练习

打开创建的"圣诞快乐"幻灯片,将此幻灯片设置为定时放映,时间为"00:20",然后再将其设置为自定义放映,只要求播放"圣诞树"所设置的动画效果。

7.2 控制幻灯片放映

演示文稿的播放无论是从最简单的翻页、定位,到会议记录,都是在幻灯片放映过程中经常遇到的操作。用户可以通过键盘上的方向键控制幻灯片的放映,也可以通过鼠标选择相应的命令播放幻灯片的动画效果。如果用户需要在放映过程中随机观看任意一张幻灯片的动态,可以通过相应的定位命令来实现。

7.2.1　实训目的

在演示文稿中,用户在放映幻灯片时,并不需要每次都从第 1 张幻灯片开始播放,此时可以使用系统提供的幻灯片定位命令来控制幻灯片的放映效果。本次实训的目的是介绍如何使用键盘或鼠标来控制幻灯片的放映,如何实现上一张幻灯片与下一张幻灯片的动画切换操作以及如何在幻灯片放映过程中定位特殊幻灯片的动画效果。

7.2.2　实训任务

实训最主要的任务将以"秋菊"演示文稿为例,要求读者学会如何定位和控制幻灯片的放映等相关操作方法。

7.2.3　预备知识

在显示幻灯片的放映过程中,鼠标指针和放映控件是隐藏的。要想使它们出现,可以移动鼠标,在幻灯片放映的左下角将出现很暗的"控件"工具栏,在其上面有四个按钮,如图 7－13 所示。用户可以利用鼠标通过这些按钮控制幻灯片的播放,也可以通过键盘上的按键来控制幻灯片的播放。

笔　　幻灯片

转上一张幻灯片 ——— ← ✎ ☰ → ——— 转下一张幻灯片

图 7－13　控件工具栏

7.2.3.1　使用键盘控制放映

在放映幻灯片时,用户可以利用键盘上的上下方向键或者 PageDown/PageUp 键以及Enter 键来切换幻灯片或幻灯片中的动画效果。在转换到特定幻灯片的效果时,用户可以在键盘的小键盘功能区中按数字键直接跳转到指定页。按 Home 键可返回到第 1 张幻灯片,按 End 键可跳到最后一张幻灯片。

大视野　在幻灯片放映过程中,按空格键或 Enter 键,将切换到下一张幻灯片;按 BackSpace 键,将切换到上一张幻灯片;如要需要跳转到指定幻灯片的放映状态,如跳到第 3 张幻灯片进行放映操作,可以在键盘上的小数字区域中输入 3,并按 Enter 键,就可以定位到第 3 张幻灯片,开始进行放映操作。

7.2.3.2　使用鼠标控制放映

在打开的如图 7－13 所示的"控件"工具栏中,单击"转上一张幻灯片"按钮,将切换到上一张幻灯片,或者播放当前幻灯片包含的上一个动画效果;单击"转下一张幻灯片"按钮,将移动到下一张幻灯片；单击"笔"按钮，将打开如图7－14所示的指针选项菜单，在此菜单中显示的是有关控制笔或者指针的外观；单击"幻灯片"按钮，将打开一个在幻灯片间导航的菜单，如图7－15所示。

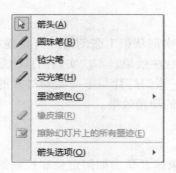

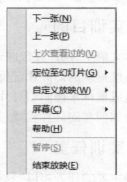

图7－14　指针选项列表框　　　　　图7－15　导航放映工具栏

:选择"笔"按钮，在弹出的菜单中选择"箭头选项"命令，在下一级菜单中可以设置鼠标在放映时的状态，如图7－16所示。

　　默认鼠标放映时的状态为"自动"，用户可以选择"可见"命令，将其设置为显示状态，也可以选择"永远隐藏"命令，这样在放映幻灯片时，鼠标指针将不会显示出来。

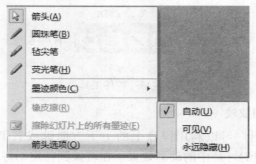

图7－16　指针选项列表框

通常，用户只需要单击正在放映的幻灯片都将切换到下一张幻灯片的放映效果，但如果正在使用笔，则用户单击将处于绘图状态，而不是前进演示文稿状态，在这种情况下，用户只有使用"转下一张幻灯片"按钮才能前进演示文稿。

7.2.4　实训步骤

　　（1）打开"秋菊"演示文稿，在"视图"选项卡的"演示文稿视图"中选择"幻灯片放映"选项，进入幻灯片放映界面。在放映幻灯片上的任意位置单击鼠标右键，系统弹出如图7－17所示的导航菜单。在此导航菜单中，用户可以通过选择"下一张"或"上一张"命令切换幻灯片在放映时的转移方向。

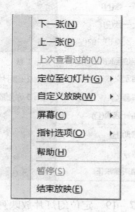

图 7-17　幻灯片放映导航菜单

在"幻灯片放映"选项卡的"设置"组中选择"设置幻灯片放映"命令,系统弹出"设置放映方式"对话框。在该对话框中,用户可以在"放映幻灯片"选项区域中选择"全部"放映命令,所制作的演示文稿将从第 1 张幻灯片开始播放。如果用户想播放第 2 张幻灯片和第 3 张幻灯片之间的动画效果,可以调整"从""到"微调框,结果如图 7-18 所示。

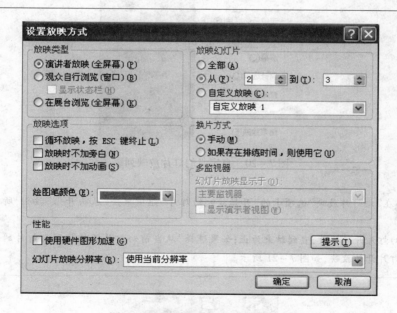

图 7-18　"设置放映方式"对话框

　　(2)打开"秋菊"演示文稿,执行"幻灯片放映"命令,进入幻灯片放映界面。在放映的幻灯片上任意位置单击鼠标右键,在打开的导航菜单中选择"定位至幻灯片"选项,在展开的如图 7-19 所示的下一级菜单中选择要转到的幻灯片播放位置。

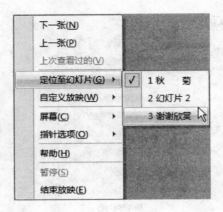

图7-19　定位幻灯片放映列表

小资料:如果用户在演示文稿中自定义了动画切换效果,要想转移到自定义的动画,可以在打开的如图7-17所示的列表中选择"自定义放映"命令,然后在展开的如图7-20所示的列表中选择自定义动画的名称。这时,幻灯片将从当前的放映状态转移到用户设置的自定义动画的放映状态。

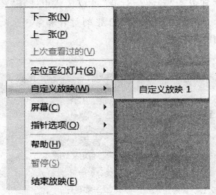

图7-20　自定义幻灯片放映列表

大视野　在"幻灯片放映"选项卡的"开始放映幻灯片"组中单击"从头开始"按钮,所制作的演示文稿将从第1张幻灯片开始播放,直到结束为止;如果选择"从当前幻灯片开始",则幻灯片的放映操作将从当前选中的幻灯片开始放映,如图7-21所示。

图7-21　开始放映幻灯片组

（3）幻灯片在放映时，每张幻灯片都有各自的背景效果，如果需要改变原有的幻灯片显示状态，可以在"自定义放映"导航菜单中选择"屏幕"命令，在展开的如图7-22所示的列表中设置幻灯片的黑屏效果、白屏效果和切换程序等状态。

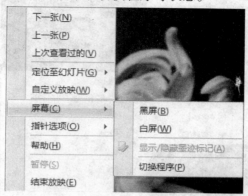

图7-22　自定义放映导航菜单

 如果用户在"自定义放映"菜单中"屏幕"子菜单中选择了"黑屏"效果，这时幻灯片的播放将处于一片漆黑状态，如果选择了"白屏"效果，则屏幕处于一片白屏状态。如果需要取消"黑屏"或"白屏"效果，可以再次打开设置菜单，选择"屏幕还原"或"取消白屏"命令即可，如图7-23所示。如果用户选择了"切换程序"选项，默认的全屏播放演示文稿的底端将出现任务栏中的所有内容，如图7-24所示。

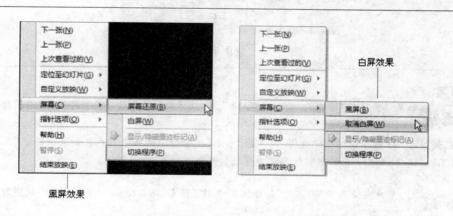

图7-23　取消黑白屏幻灯片放映列表

图7-24　切换程序幻灯片放映

（4）幻灯片在放映时，用户除了能够实现幻灯片的切换效果、自定义动画放映效果外，还可以使用绘图笔在幻灯片中绘制重点，书写文字等。幻灯片放映时，单击鼠标右键，在弹出的如图7-25所示的列表中选择"指针选项"命令，在打开的子菜单中选择"圆珠笔"，这时鼠标指针将变成一支小铅笔形状，用户可以在幻灯片放映效果上直接书写或绘图，绘制后的效果如图7-26所示。

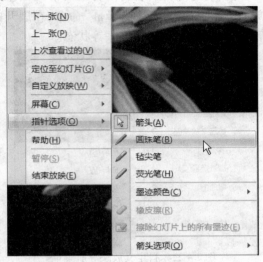

图7-25　指针选项列表框

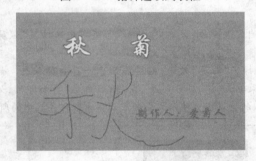

图7-26　绘图笔书写效果图

如果用户使用"圆珠笔"、"毡尖笔"和"荧光笔"绘制了各种字或图片后,对绘图的内容不满

意,可以在如图7-25所示的列表中选择"橡皮擦"命令,擦除绘制的线条样式。如果选择了"擦除幻灯片上的所有墨迹"选项,则用户所绘制的线条将全部消失。

用户在使用了"圆珠笔"等绘图笔绘制了图形后,在退出"幻灯片放映"视图时会出现一

个对话框,询问用户是否保留还是放弃所做的墨迹注释,如果7-27所示。如果用户选择"保留",所绘制的线条将变成幻灯片上的图形对象,可进行移动或删除操作。

图7-27　墨迹注释提示对话框

（5）如果用户对绘图笔所绘制的线条颜色不满意，可以在打开的如图7－25所示的"自定义放映"列表中选择"指针选项"命令，在展开的下一级列表中选择"墨迹颜色"，在展开的"颜色面板"中，用户可以选择不同的颜色，以改变绘图笔的绘制效果，如图7－28所示。

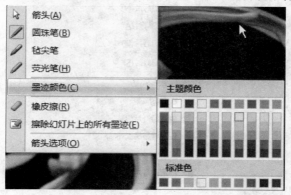

图 7 － 28　墨迹颜色调控面板

如果用户不需要进行绘图笔绘制线条、图片操作时，可以再次在屏幕上单击鼠标右键，在弹出的"自定义放映"列表中选择"指针选项"命令，在"箭头选项"列表中选择"自动"命令，将鼠标指针恢复为箭头形状即可。

在"幻灯片放映"选项卡的"设置"组中选择"设置幻灯片放映"命令，在弹出的"设置放映方式"对话框中，可以单击"绘图笔颜色"下拉列表，在弹出的如图7－29所示的颜色面板中设置绘图笔的色彩样式。

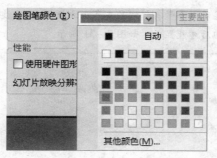

图 7 － 29　绘图笔颜色选择面板

（6）在演示文稿的放映过程中，如果演示文稿的结构设置较为复杂，用户可以在普通视图模式下用鼠标右键单击需要隐藏的幻灯片，在弹出的快捷菜单中选择"隐藏幻灯片"命令，如图7－30所示。

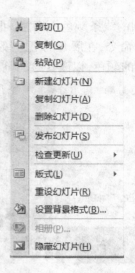

图 7-30　隐藏幻灯片放映列表

在放映幻灯片的过程中,隐藏的幻灯片不会显示。如果用户需要显示隐藏的幻灯片,可打开"自定义放映"导航菜单,从中选择"定位到幻灯片",从弹出的下拉列表中选择所隐藏的幻灯片,就可以实现放映操作。如果用户想取消隐藏幻灯片的操作,可再次选择"隐藏幻灯片"命令,幻灯片的编号将恢复正常状态。

小资料:用户也可以在"幻灯片放映"选项卡中单击"隐藏幻灯片"按钮,实现隐藏幻灯片的操作。

被隐藏的幻灯片编号上将显示一个带有斜线的灰色小方框,在正常放映时不会被显示,只有当用户单击了指向它的超链接或动作按钮后才能显示。如图 7-31 所示。

图 7-31　隐藏幻灯片放映效果图

7.2.5　拓展练习

打开"人生如画"演示文稿,在"自定义放映"列表中选择"荧光笔"选项,在此幻灯片中绘制一些图画,并加入相应的文字,保留墨迹操作。

7.3　录制旁白和排练计时

在制作幻灯片的过程中,可以通过"录制"旁白命令为对象添加一些解说声音,以达到图声相结合的效果。同时,在默认情况下,演示文稿使用手动方式放映动画。为了使幻灯片具有自动播放的效果,系统提供了排练计时的设置操作,让幻灯片自动放映,并且可以根据用户的需求为每一张幻灯片设置不同的时间。

7.3.1　实训目的

在幻灯片中,为了使对象具有声音,用户可以通过"录制旁白"命令,为对象加入注释信息。为了使动画效果能自动播放,系统为用户提供了"排练计时"的命令,可以使幻灯片在规定的时间内自动播放,而不需要人为的操作。本次实训的目的就是要求用户学会如何录制旁白和排练计时的相关设置操作。

7.3.2　实训任务

录制旁白,用户可以通过录制的声音文件来为对象添加修饰。排练计时,则可以实现在规定的时间内自动切换幻灯片的效果。本次实训的主要任务要求用户学会如何添加和删除录制的旁白以及如何设置排练计时时间,使幻灯片在特定的时间内播放等相关操作。

7.3.3　预备知识

旁白是指演讲者对演示文稿的解释。录制旁白需要计算机有声卡和麦克风,然后在"幻灯片放映"选项卡的"设置"组中选择"录制旁白"命令,在弹出的如图 7-32 所示的"录制旁白"对话框中设置录音的质量、磁盘空间和记录旁白的最长时间。设置完成后,单击"确定"按钮,将出现如图 7-33 所示的提示对话框,需要用户选择开始录制旁白的幻灯片。旁白录制成功后,录制旁白幻灯片的右下角会出现一个声音图标,放映幻灯片时,旁白将随之播放。

 当用户选择开始录制旁白的幻灯片后,如果需要临时处理一些事情,可以用鼠标右键单击正在录制旁白的幻灯片的任意位置,从打开的如图 7-34 所示的列表中选择"暂停旁白"选项。如果需要继续开始暂停的旁白,可按照相同的方法在如图 7-35 所示的列表中选择"继续旁白"选项即可。

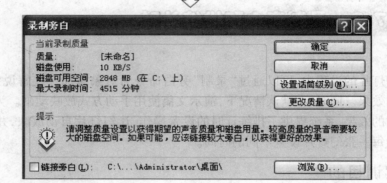

图7-32　录制旁白对话框

图7-33　"录制旁白"提示对话框

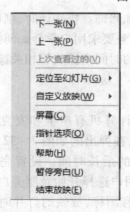

图7-34　暂停录制旁白列表框

图7-35　继续录制旁白列表框

　　小资料：在幻灯片放映中，声音旁白优先于所有其他的声音。如果用户运行旁白和其他声音的演示文稿，就只能先播放旁白声音。幻灯片结束时，旁白也录完了，这时会出现一条信息，提示旁白已经与幻灯片共同保存，是否保存幻灯片的排练时间，如图7-36所示。

图 7-36　录制旁白结束提示对话框

在"录制旁白"对话框中,可以通过"更改质量"按钮打开"声音选定"对话框,在"名称"下拉列表中可以选择音质类型,如图 7-37 所示。在"属性"下拉列表框中,用户也可以选择音质属性,如图 7-38所示。

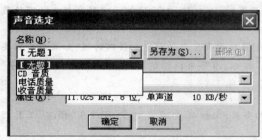　　　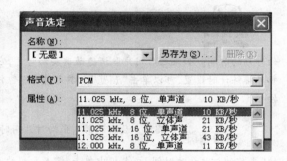

图 7-37　设置录制旁白的声音类型对话框　　　图 7-38　设置录制旁白的声音属性对话框

旁白录制成功后,录制了旁白的幻灯片的右下角会出现一个声音图标,如果用户需要更改所录制的旁白效果,需要先选中幻灯片右下角的"声音"图标,然后通过按 Delete 键删除所录制的旁白,最后再开始录制新的旁白。

7.3.4　实训步骤

（1）当用户完成演示文稿的制作效果之后,可以运用"排练计时"功能排练整个演示文稿的放映时间。在"排练计时"过程中,演讲者可以确切了解每一张幻灯片需要放映的时间以及整个演示文稿的总放映时间。设置排练计时需要在"幻灯片放映"选项卡的"设置"组中选择"排练计时"按钮,进入幻灯片放映模式,如图 7-39 所示。

图 7-39　设置排练计时组

（2）当进入幻灯片放映排练计时播放阶段后，系统会第一个播放首张幻灯片的效果，然后出现如图7－40所示的"预演"工具栏对话框。用户可以在此工具栏中实现停计时、重复计时等操作。

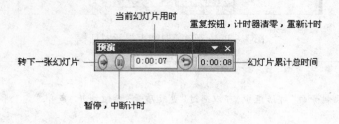

图7－40　预演排练计时工具栏

在利用"排练计时"功能设置幻灯片播放效果时，PowerPoint 2007演示文稿会忽略所有隐藏幻灯片的时间。如果之后用户取消隐藏这些幻灯片，它们将被设置为自动前进。任何时候，如果用户需要暂停排练计时设置，可以单击"预览"工具栏中的"暂停"按钮，准备再继续运行时，可以再次单击"暂停"按钮。

小资料：如果用户放映的第1张幻灯片用时相当长，比如40秒或者更多，可以在"预演"工具栏的"当前幻灯片放映时间"文本框中单击，输入希望的时间，如图7－41所示。

图7－41　设置排练计时的时间文本框

时间设置输入完成后，用户需要按Tab键，而不是等待全部时间慢慢流逝之后才前进。

在"当前幻灯片放映时间"文本框中输入时间之后必须按Tab键，而不是单击"下一项"按钮，否则PowerPoint 2007演示文稿不会应用任何更改操作。

（3）当用户完成幻灯片的计时排练后，会弹出如下7－42所示的提示对话框，告诉用户幻灯片放映共花费的时间，并询问是否保留新的幻灯片排练时间。如果选择"是"按钮，幻灯片将自动切换到"浏览模式"，每张幻灯片左下角会标出排练动画播放所花费的时间。如图7－43所示。

图7－42　排练计时提示对话框

图7-43 应用排练计时幻灯片放映效果图

（4）当用户完成幻灯片的计时排练后,可以选择不应用所设置的计时效果,也可以选择应用所设置的计时效果。应用排练计时,用户需要在功能区"幻灯片放映"选项卡的"设置"组中,选中"使用排练计时"前面的复选框命令按钮即可,如图7-44所示。

图7-44 应用排练计时设置组

小资料:用户除了通过排练计时的方式播放演示文稿中的幻灯片效果外,还可以在"幻灯片放映"选项卡的"设置"组中选择"设置幻灯片放映"选项,打开"设置放映方式"对话框。在此对话框的换片方式列表中,用户可以选择"如果存在排练时间,则使用它"前面的单选按钮,也可实现排练计时效果,如图7-45所示。

图7-45 应用排练计时选项组

7.3.5 拓展练习

打开"人生如画"幻灯片,在此幻灯片中通过"录制旁白"命令,为图片加入一些注释的声音信息,并通过排练计时功能,为此幻灯片设置在5秒后自动播放效果。

本章主要介绍了有关 PowerPoint 2007 幻灯片的放映相关知识,如设置幻灯片的定时放映、循环放映、自定义放映和缩略图放映等。在放映幻灯片的过程中,向用户介绍了如何控制幻灯片的动画效果,如跳转指定播放的幻灯片,放映隐藏的幻灯片,将正在放映的幻灯片设置黑/白屏效果以及使用绘图笔在幻灯片放映过程中加入文字和图片。同时,还为用户提供了有关录制旁白和排练计时的相关操作。通过本章的学习,读者会对 PowerPoint 2007 演示文稿中有关幻灯片的放映操作有个概略的了解。

综合练习

1) 填空题

(1) 在 PowerPoint 2007 演示文稿中,幻灯片的放映方式有_____种。

(2) 在 PowerPoint 2007 演示文稿中,设置幻灯片的定时放映在_____选项卡中进行。

(3) 在幻灯片放映方式中,缩略图放映方式需要用户通过_____键,然后再选择"幻灯片放映"选项才可实现。

(4) 在 PowerPoint 2007 演示文稿中,在"自定义放映"列表的"指针选项"中,为用户提供了_____种绘图笔效果。

(5) 在 PowerPoint 2007 演示文稿中,"排练计时"工具栏为用户提供了_____、_____、_____、_____和_____ 5 种工具按钮。

2) 简答题

(1) 简述 PowerPoint 2007 演示文稿中自定义放映方式的相关操作。

(2) 简述如何在"自定义放映"列表中"定位"幻灯片动画效果。

(3) 简述如何在演示文稿中录制旁白。

3) 上机题

在"我的电脑"D 盘中有一个"动画放映"演示文稿,练习如何在这个演示文稿中循环放映幻灯片,设置幻灯片的定位和隐藏操作以及使用"圆珠笔"在幻灯片中加入文字,并录制旁白效果。

8

打包与输出演示文稿

本章重点

▲ 打印演示文稿的设置

▲ 打包成CD的操作方法

▲ 输出为网页或大纲文件的设置方法

对于制作好的演示文稿，用户可以通过电子版的格式在显示设备中播放；或者通过打包的方式保存成网页，供其他用户不需要安装此软件的情况下也可以观看到实际效果，还可以根据需要，通过演示文稿软件内部提供的打印功能，将演示文稿输出为多种形式，例如纸张画面，使用户可以长期保存。

8.1 打印演示文稿

使用 PowerPoint 2007 软件制作的演示文稿,除了可以通过电子稿件的形式在视频设备上进行产品宣传外,还可以使用打印功能,将所制作的演示文稿在纸质上输出,以方便用户图文结合地进行阅读。打印演示文稿前,用户可以通过系统提供的"打印预览"命令察看最终的打印效果,并对打印的演示文稿进行纸张、比例、打印内容的设置操作。

8.1.1 实训目的

本次实训的目的是要求用户学会如何使用"打印预览"命令察看最终的幻灯片效果图,并根据所显示的效果进入打印页面设置窗口,设置打印内容所用的纸张大小、打印的份数、内容的显示方向和显示比例等基本操作。

8.1.2 实训任务

本次实训的任务是介绍如何在"打印"对话框中设置幻灯片的打印内容、打印大小、打印数量的设置操作。

8.1.3 预备知识

在执行打印操作前,必须先通过"打印预览"命令查看打印效果。单击"Office 按钮",在打开的"Office 菜单"中选择"打印"命令列表中的"打印预览"命令,将打开如图 8-1 所示的"打印预览"选项卡,用户可以在此选项卡中观看打印的最终效果。

图 8-1　打印预览选项卡

8.1.3.1 选项设置

在"打印预览"选项卡的"打印"组中,执行"选项"命令,将打开如图 8-2 所示的打印预览选项列表框。在此列表框中,用户可以设置打印演示文稿的色彩样式,可以是彩色模式,也可以是黑白或灰度模式。彩色模式效果如图 8-3 所示。

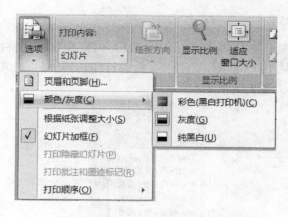

图 8-2　打印预览选项列表框

图 8-3　打印预览彩色效果

大视野：如果用户在"打印预览"选项卡的"选项"列表中选择"灰度"或"纯黑白"色彩模式，所打印的幻灯片将以黑白的色彩出现，而不会带有彩色效果。

小资料：在"打印预览"选项卡的"打印"组中选择"选项"列表中的"幻灯片加框"选项，所显示的幻灯片将加入边框进行修饰，如图 8-4 所示。

图 8-4　幻灯片加入边框预览效果

8.1.3.2 打印内容

在"打印预览"选项卡的"页面设置"组中,执行"幻灯片"命令,将打开如图8-5所示的列表框。在此列表框中,用户可以设置演示文稿的打印内容,可以是单张的幻灯片,也可以是讲义或备注页,还可以是大纲视图。

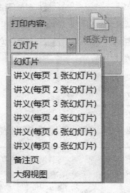

图8-5 打印内容列表框

8.1.3.3 显示比例

在"打印预览"选项卡的"显示比例"组中,执行"显示比例"命令,系统将弹出如图8-6所示的对话框。在对话框中,用户可以选择打印演示文稿的最佳比例,还可以在"百分比"文本框中自定义比例。

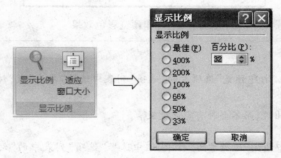

图8-6 "显示比例"对话框

8.1.3.4 预览

在"打印预览"选项卡的"预览"组中,执行"下一页"或"上一页"命令,将显示当前幻灯片中的下一张幻灯片内容或上一张幻灯片的整体效果。如果不需要进行页面效果的查看操作,可以通过"关闭打印预览"命令关闭当前的预览效果,进入到演示文稿的编辑视图,如图8-7所示。

图8-7 打印预览组

8.1.4　实训步骤

（1）当用户通过"打印预览"命令查看演示文稿的整体效果后，在进行打印操作前还可以根据自己的需要对打印页面进行设置，使打印的形式和效果更符合实际需要。与 Office 其他软件相比，幻灯片的页面设置比较简单，在"设计"选项卡的"页面设置"组中单击"页面设置"按钮，打开如图 8-8 所示的"页面设置"对话框。

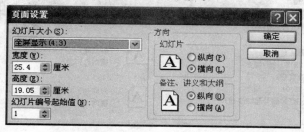

图 8-8　"页面设置"对话框

（2）在如图 8-9 所示的"幻灯片大小"列表框中选择打印幻灯片的大小，可以选择全屏效果，也可以选择 A4 或 B5 纸张等常用的大小。同时，用户还可以选择自定义命令，在"高度"或"宽度"文本选择框中设置幻灯片的大小。

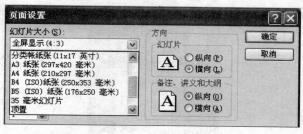

图 8-9　设置幻灯片大小

（3）在"方向"选项区域中，可以选择幻灯片打印时是横向显示还是纵向显示，效果如图 8-10 所示。设置幻灯片打印时的方向，一种是设置幻灯片方向；另一种是设置备注、讲义和大纲页面的方向。

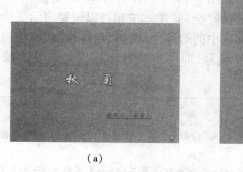

（a）　　　　　　　　　　（b）

图 8-10　设置幻灯片的横向或纵向显示效果图

（a）横向显示　　　（b）纵向显示

在"页面设置"对话框中,用户可以在"幻灯片编号起始值"的数值框中为每页幻灯片设置打印编号,以方便用户阅读,如图8-11所示。

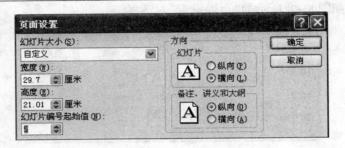

图8-11 设置幻灯片的编号对话框

:当用户对幻灯片进行打印方向设置操作时,可以在"设计"选项卡的"页面设置"组中单击"幻灯片方向"按钮,在打开的如图8-12所示的列表框中选择幻灯片是纵向显示或者横向显示。

图8-12 设置幻灯片的显示方向

(4)完成相关的打印设置操作后,在"Office菜单"中执行"打印"命令,并在打开的下一级菜单中单击"打印"按钮,即可打开如图8-13所示的"打印"对话框。

(5)在"打印范围"选项区域中选择"全部"单选按钮可以设置演示文稿全部打印;选中"当前幻灯片"单选按钮,将打印当前选中的幻灯片;选择"幻灯片"单选按钮,可以在其后面的文本框中输入需要打印的幻灯片编号,即可实现打印指定幻灯片的操作,如图8-14所示。

在"打印"对话框中,用户可以在"份数"选项中设置幻灯片在打印时的数量,并可以设置打印份数是否是逐份打印。逐份打印则打完一份之后再打印第二份,如果不选中"逐份打印"复选框,系统会一页一页地进行打印操作。

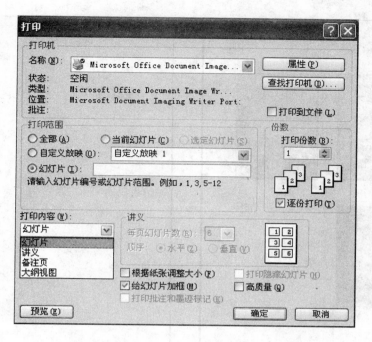

图 8 – 13　"打印"对话框

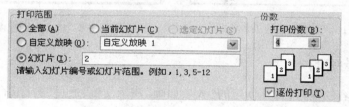

图 8 – 14　设置幻灯片的打印内容

（6）在"打印内容"列表中设置打印的内容，如图 8 – 15 所示。如果选择"幻灯片"选项，则打印的结果与普通视图户所见到的内容相同；如果选择"讲义"选项，则可以在一页纸中打印多张幻灯片，而且能打印出幻灯片的所有内容，如图 8 – 16 所示；如果选择"备注"选项，则会打印出幻灯片窗格中的所有内容和备注信息；如果选择"大纲视图"选项，则打印出来的内容将是"大纲"视图中的所有内容，并且含有标题，如图 8 – 17 所示。

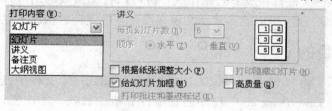

图 8 – 15　设置幻灯片的打印内容

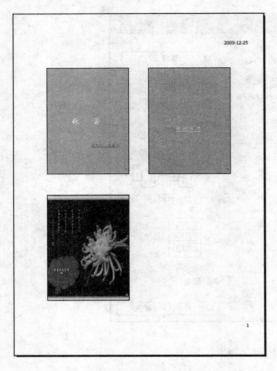

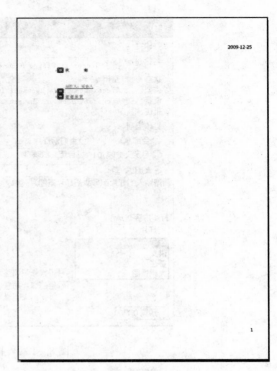

图 8-16　讲义视图效果　　　　　　　　图 8-17　大纲视图效果

8.1.5　拓展练习

通过前面内容的学习,打开创建的"人生如画"演示文稿,通过"打印"命令,输出此演示文稿的备注视图内容,显示方向为"横向"。

8.2　打包演示文稿

将所创建的演示文稿打包成 CD,制作成一份可以自动播放的幻灯片,并以刻录的方式将数据记录成为 CD 光盘,可以确保演示文稿在没有软件支持的情况下也可以正常播放。

8.2.1　实训目的

打包是将演示文稿与 PowerPoint 2007 的播放器压缩到一个文件中,经过打包后的演示文稿可以在未安装 PowerPoint 2007 程序的其他计算机中放映。本次实训的目的是介绍如何将演示文稿进行打包,并在打包演示文稿时进行信息智能检查的设置操作。

8.2.2　实训任务

通常,制作演示文稿的计算机与放映幻灯片的计算机并不一定是同一台计算机,为了方便演示文稿在不同计算机上的传递操作,用户可以使用"打包演示文稿"功能,使幻灯片在没有相应软件的支持下也能播放。本次实训的任务是介绍有关"打包"的相关设置操作。

8.2.3 预备知识

当用户将演示文稿创建成功后,对于所创建的包含有字母的幻灯片,用户可以通过 Office 系统提供的检查功能对内容进行智能的检查和修正,以提高内容的准确性,减少出错率。系统进行智能检查,当发现错误时会出现红色的波浪线(如错别字、重字或者英文词汇等),以提示用户这些可能存在问题。

执行智能检查操作,需单击"Office 按钮",在打开的"Office 菜单"中执行"PowerPoint 选项"命令,从弹出的如图 8 - 18 所示的"PowerPoint 选项"对话框的左窗格中选择"校对"选项,在展开的右窗格列表的"在 PowerPoint 中更正拼写时"选项下,选中"键入时检查拼写"前面的复选框,即可启动智能检查功能。

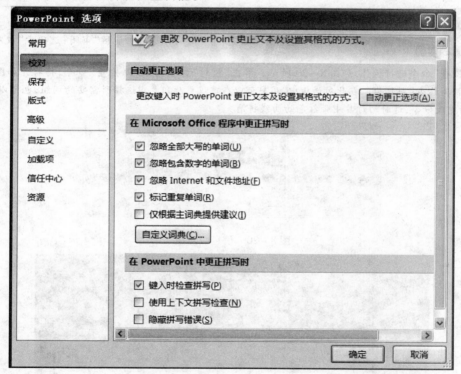

图 8 - 18 "PowerPoint 选项"对话框

 在智能检查过程中,对于带红色波浪线的字符,用户可以单击鼠标右键,从弹出的如图 8 - 19所示的列表中选择正确的拼写,或者选择忽略选项,这样在此后再出现该词时,就不会再次出现红色波浪线了。

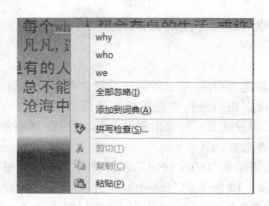

图 8－19　信息校对列表框

小资料：对制作好的演示文稿进行自动检查，用户还可以通过功能区"审阅"选项卡"校对"组中的"拼写检查"命令进行操作，如图 8－20 所示。单击"校对"组中的"拼写检查"命令，将打开如图 8－21 所示的"拼写检查"对话框。在此对话框中，用户可以在建议更改列表中选择所需要的词组，也可以选择忽略或自动更改命令，这时幻灯片中带红色的曲线将消失。

图 8－20　信息校对组

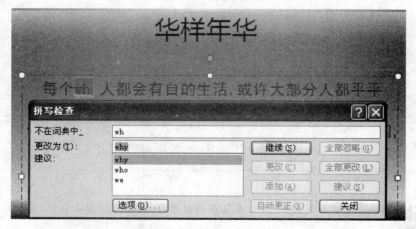

图 8－21　"拼写检查"对话框

在功能区"审阅"选项卡的"中文简繁转换"组中，用户可以执行"繁转简"命令实现繁体与简体字之间的转换，也可以通过执行"简转繁"命令实现简体向繁体字的转换操作。

8.2.4 实训步骤

（1）将 PowerPoint 演示文稿从一台计算机传送到另一台计算机上比较好的方式是使用 PowerPoint 提供的"CD 数据包"功能。将演示文稿与 PowerPoint 2007 的播放器压缩到一个文件中打包，经过打包后的演示文稿可以在未安装 PowerPoint 2007 程序的其他计算机中放映。打包演示文件需要单击"Office 按钮"，在打开的"Office 菜单"中执行"发布"命令，从中选择"CD 数据包"选项，如图 8－22 所示。

图 8－22 "Office"菜单

（2）系统弹出如图 8－23 所示的"打包成 CD"对话框。在此对话框中，用户可以设置添加演示文稿的名称和密码。

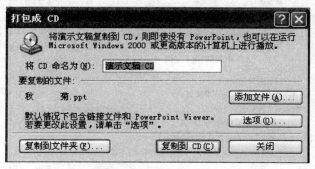

图 8－23 "打包成 CD"对话框

（3）在"将 CD 命名为"文本框中输入 CD 的名称，单击"添加文件"按钮，在弹出的"添加文件"对话框中选择需要添加到 CD 中的文件,然后单击"添加"按钮,将打开如图 8 - 24 所示的"打包成 CD"对话框。

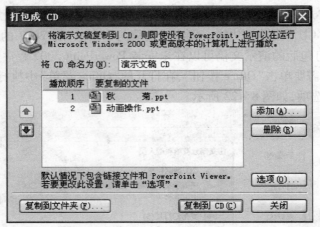

图 8 - 24 "打包成 CD"对话框

在如图 8 - 24 所示的"打包成 CD"对话框中,用户可以通过"添加"按钮,打开"添加文件"对话框,继续添加文件;如果选择"删除"选项,可以将添加的文件删除;还可以通过对话框中的"上移"按钮或"下移"按钮移动文稿的位置。

(4) 在"打包成 CD"对话框中,单击"选项"按钮,将打开如图 8 - 25 所示的"选项"对话框。在此对话框的"选择演示文稿在播放器中的播放方式"列表中,可以指定幻灯片的播放方式。同时,还可以在"增强安全性和隐私保护"选项区域中设置打开或修改演示文稿的密码,以增强安全性。

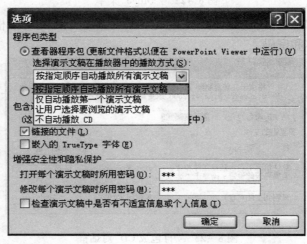

图 8 - 25 "选项"对话框

在"选项"对话框中,若要检查演示文稿中是否具有隐藏的信息,可以选中"检查演示文稿中是否有不适宜信息或个人信息"复选框。

　　(5)在"打包成 CD"对话框中,单击"复制到文件夹"按钮,将打开如图 8－26 所示的"复制到文件夹"对话框。在此对话框中,用户可以选择存储演示文稿放在本地磁盘中的文件夹位置,并进行命名操作。设置完成后单击"确定"按钮,将出现如图 8－27 所示的"信息提示"对话框,提示用户是否链接包中的所有文件。

图 8－26　"复制到文件夹"对话框

图 8－27　信息提示对话框

在"打包成 CD"对话框中,如果用户单击"复制到文件夹"按钮,可以将演示文稿打包成一个文件夹。在该文件夹中,自带了演示文稿播放器,可独立于 PowerPoint 2007 应用程序来播放幻灯片文件。

　　(6)单击"是"按钮后,系统将开始打包演示文稿,如图 8－28 所示。

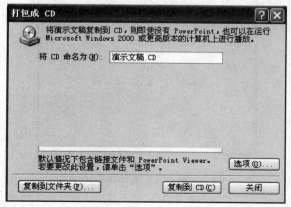

图 8－28　开始打包成 CD

PowerPoint幻灯片制作实训教程

（7）打包操作完成后，可以单击"关闭"按钮关闭"打包成CD"对话框，即可以在打包好的文件中通过双击PPTIEW文件浏览用户制作的动画演示文稿的整个效果，如图8-29所示。

图8-29　打包成功后的文件夹效果图

📝小资料：演示文稿打包成CD文件后，在"Office"菜单中执行"发送"命令，从中选择"电子邮件"选项。将打包的演示文稿在默认的电子邮件应用程序中以附件的形式发送给观看者，如图8-30所示。

图8-30　电子邮件发送窗口

在电子邮件的正文部分，用户可以输入备注信息，说明所发送的演示文稿的主要内容，设置完成后，单击"发送"命令，即可完成所需要的传送操作。

8.2.5 拓展练习

创建"生日快乐"演示文稿,利用"打包成 CD"功能将此演示文稿打包成以"生日快乐"为题的文件,保存在 D 盘中,并以电子邮件的形式发送给好友。

8.3 输出演示文稿

如果用户需要将演示文稿输出为网页或图片格式,发布到互联网上供用户共享操作,最好先使用加密工具对所制作的演示文稿进行加密,这样可以保证数据的安全性,最后再将其发布为网页、图形或幻灯片放映格式。

8.3.1 实训目的

本次实训的目的是介绍如何实现演示文稿发布成网页的效果以及如何打开所发布的网页特效等基本操作。

8.3.2 预备知识

在"Office 菜单"中执行"另存为"命令,在打开的如图 8 – 31 所示的"另存为"对话框中单击"工具"按钮,在弹出的菜单中选择"常规选项",将弹出如图 8 – 32 所示的"常规选项"对话框。在此对话框中的"打开权限密码"文本框中可以设置打开此幻灯片的密码,如果需要还可以在"修改权限密码"中输入修改演示文稿的密码。设置完成后,单击"确定"按钮,将出现如图 8 – 33 所示的"确定密码"对话框,提示用户再次确认一下密码的准确性,即可完成加密幻灯片的操作。

图 8 – 31 "另存为"对话框

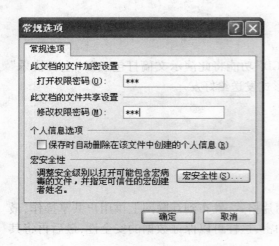

图 8-32 "常规选项"对话框

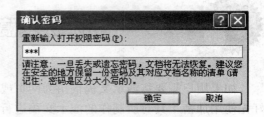

图 8-33 "确认密码"对话框

8.3.3 实训步骤

8.3.3.1 发布为网页

（1）选择"秋菊"演示文稿,将动画效果作为网页格式发布到网上供用户共享。在"Office 菜单"中执行"另存为"命令,系统弹出"另存为"对话框,选择保存文件的格式为网页格式(* . htm 或 * . html),然后单击"发布"按钮,如图 8-34 所示。

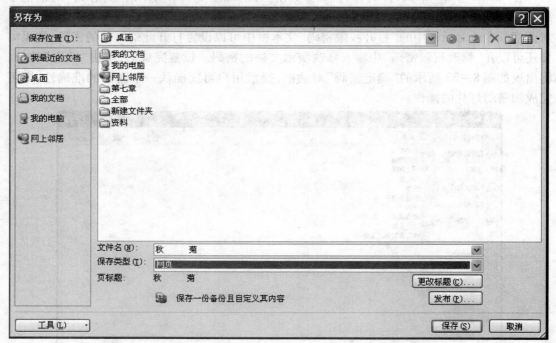

图 8-34 "另存为"对话框

（2）系统弹出如图 8-35 所示的"发布为网页"对话框。在此对话框中,用户可以在

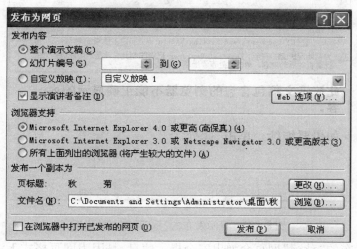

"发布内容"选项区域中选择将整个演示文稿进行发布,也可以自定义需要发布的幻灯片内容。

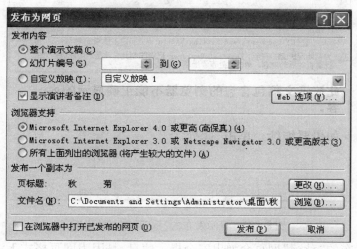

图 8-35 "发布为网页"对话框

在"发布为网页"对话框的"发布内容"选项中,可以选择"整个演示文稿"单选按钮将所制作的全部幻灯片进行发布,也可以选中"幻灯片编号"单选按钮,选择需要发布的连续几张幻灯片。如果选择"自定义放映"单选按钮,可以将设置的自定义动画作为发布的内容。

(3)单击"更改"按钮,系统弹出如图 8-36 所示的"设置页标题"对话框。在此对话框中,用户可以重新设置页标题,并显示在浏览器的标题栏中。单击"浏览"按钮,将打开"发布为"对话框,在此对话框中用户可以指定演示文稿的存储位置。

图 8-36 "设置页标题"对话框

在打开的如图 8-34 所示的"另存为网页"对话框中,执行"更改标题"命令,也将打开如图 8-36 所示的"设置页标题"对话框。

(4)在"发布为网页"对话框中完成发布设置操作后,可以选中"在浏览器中打开已发布的网页"的复选框,执行"发布"命令,浏览器会打开发布的网页,如图 8-37 所示。

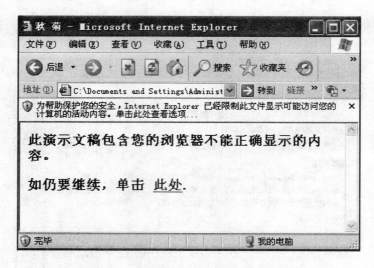

图 8 – 37 显示发布的"秋菊"网页效果图

（5）打开发布的"秋菊"网页会弹出安全提示信息，是因为网页格式无法支持某些动画特效而限制操作，此时可右键单击此提示信息，从弹出的如图 8 – 38 所示的列表中选择"允许阻止的内容"选项，在弹出的如图 8 – 39 所示的"安全警告"对话框中单击"是"按钮，即可查看到网页发布后的效果，如图 8 – 40 所示。

图 8 – 38 安全信息提示列表

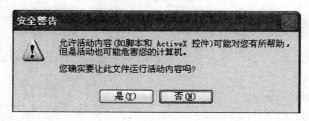

图 8 – 39 安全警告对话框

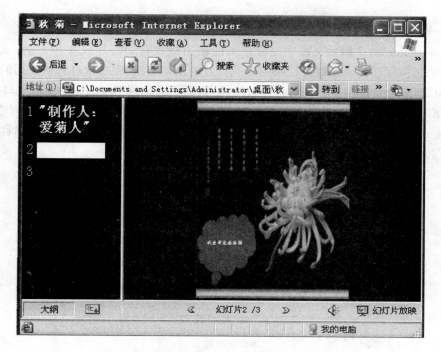

图 8-40　网页发布后的效果

小资料：在"发布为网页"对话框中，如果用户选择"Web 选项"选项，将打开如图 8-41 所示的
"Web 选项"对话框。

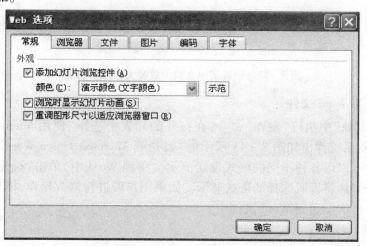

图 8-41　"Web 选项"对话框

在此对话框中，用户可以在"常规"选项卡中设置网页的文字颜色信息以及是否在浏览网页时显示幻
灯片的动画效果等辅助操作选项。

8.3.3.2 输出为幻灯片放映文件

在 PowerPoint 2007 演示文稿中经常用到的输出格式有幻灯片放映和大纲。幻灯片放映是将演示文稿保存为以幻灯片放映的形式打开的演示文稿,在每次打开该类型的文件时,PowerPoint 2007 会自动切换到幻灯片的放映状态,而不会出现 PowerPoint 编辑窗口。

在"Office 菜单"中执行"另存为"命令,然后在打开的如图 8 – 42 所示的列表中选择"PowerPoint 放映"选项,在弹出的"另存为"对话框中选择新文件的保存位置和名称,最后单击"确定"按钮,即可实现输出幻灯片为放映文件的操作。

图 8 – 42　设置演示文稿为放映文件选项列表

8.3.3.3 输出为 Word 文件

在"Office 菜单"中执行"发布"命令,在打开的列表中选择"使用 Microsoft Office Word 创建讲义"选项,系统弹出如图 8 – 43 所示的"发送到 Microsoft Office Word"对话框。在该对话框中,用户可以以各种不同的格式发送演示文稿到 Word 中,单击"确定"按钮后 Word 程序被打开,幻灯片将以所选择的格式显示。如果用户要进行修改操作,需要打开 Word 文件,修改完成后再次发送到 Word 文件中。

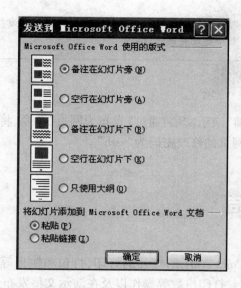

图 8-43　"发送到 Microsoft Office Word"文件对话框

如果用户要维持 PowerPoint 文件和 Word 文件之间的链接，可以在"发送到 Microsoft Office Word"对话框中选择"粘贴链接"选项，不需要链接操作可选择"粘贴"选项。如果维持链接，则对 Power-Point 文件所做的修改会反映到 Word 文件中。

小资料：演示文稿输出为 Word 文件后会在 Word 中以表格形式显示，如图 8-44 所示。

图 8-44　演示文稿的 Word 格式

在图中用户看不到可见的网格线显示效果。但用户可以通过拖动列分隔符调整每个元素的列宽,就像是在 PowerPoint 2007 演示文稿中处理表格操作一样。

8.3.4 拓展练习

打开创建的"人生如画"演示文稿,通过"发布为网页"命令,将其发布到互联网上,名称为"人生如画",同时设置网页的修改密码为"rsrh"。

本章主要介绍 PowerPoint 2007 幻灯片的打印、打包和输出等相关知识,如设置打印幻灯片的纸张方向、显示比例,打印份数等操作以及在演示文稿发布过程中所用到的有关打包成 CD,输出为网页格式、幻灯片放映格式和加密演示文稿的基本设置方法。通过本章的学习,读者会对 PowerPoint 2007 演示文稿中有关幻灯片的后期输出和打包的相关设置操作有个概略的了解。

综合练习

1) 填空题

(1) 在 PowerPoint 2007 演示文稿中,纸张的打印方向设置有_____ 和_____两种。

(2) 在 PowerPoint 2007 演示文稿中,检查幻灯片中的拼写需要在_____选项卡中进行。

(3) 在幻灯片中,打包成 CD 需要选择_____菜单中的命令。

2) 简答题

(1) 简述在 PowerPoint 2007 中,如何将演示文稿打包成 CD。

(2) 简述如何播放打包成 CD 后的演示文稿。

(3) 简述如何将制作的演示文稿输出为网页。

3) 上机题

在"我的电脑"E 盘中有"人生如画"演示文稿,将其设置为 A4 纸打印格式,并打包成以"人生如画"为题的 CD 文件,通过电子邮件的形式进行网页发布操作。

9

综合实例

本章重点

- ▲ 图片的编辑
- ▲ 动画效果设置
- ▲ 声音文件的插入
- ▲ 超链接的插入

　　本章将以实例的形式，为用户详细讲解实例的制作步骤，以方便用户对前面所学的内容进一步地巩固、加深，以最快地速度学会演示文稿的设计理念，并熟练地应用此软件来制作图文并茂的宣传作品。

在中国,最早的诗歌总集是《诗经》,其中最早的诗作于西周初期,最晚的作于春秋时期中叶。本次实例将制作《虞美人》诗歌演示文稿。

效果图:本实例的最终效果如图9-1所示。

图9-1　演示文稿的最终效果图

实例步骤:

(1)单击"开始"菜单,选择 PowerPoint 2007 应用程序,进入演示文稿的编辑界面。在"开始"选项卡的"幻灯片"组中选择"新建幻灯片"选项,打开如图9-2所示的"Office 主题"列表,从中选择"标题幻灯片"版式。

图9-2　幻灯片版式列表框

(2)选中标题占位符,输入文本"虞美人"作为诗歌的题目,在副标题占位符中输入文本"作者:李煜",然后用鼠标拖动其占位符向下移动位置,与主标题文本相距一定的距离,其效果如图 9-3 所示。

图 9-3　输入文本

（3）用鼠标单击新建立的第 1 张幻灯片,在"设计"选项卡的"主题"组中选择幻灯片的版式为"聚合",效果如图 9-4 所示。

图 9-4　选择聚合主题效果

（4）选中"虞美人"文本,在"开始"选项卡的"段落"组中选中"居中"按钮,将其文本居中显示。用相同的方式选中"作者:李煜"文本,在"开始"选项卡"字体"组的"字体"列表中选择"隶书",字号为"32"号,效果如图 9-5 所示。

图 9-5　设置字体、字号

（5）在"开始"选项卡的"幻灯片"组中选择"新建幻灯片"选项,从中选择"节标题"版式。用鼠标右键单击此幻灯片,从弹出的如图9-6所示的快捷菜单中选择"设置背景格式"选项,在打开的"设置背景格式"对话框中选择"图片或纹理"填充,在"纹理"预设效果中选择"花束"选项,最终效果如图9-7所示。

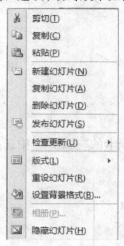

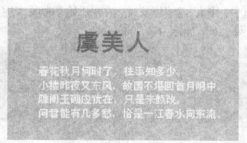

图9-6　设置幻灯片背景列表　　　　　　　　图9-7　幻灯片效果

（6）在第2张幻灯片的标题占位符中输入文本"虞美人",在标题占位符下面的占位符中输入诗的主要内容。选中"虞美人"文本,在"开始"选项卡"字体"组的"字体"列表中选择"黑体",字号为"54"号,字体颜色设置为"绿色"。在"段落"组中将其设置为"居中"显示,效果如图9-8所示。

图9-8　幻灯片效果

（7）用鼠标选中文本"虞美人",在"绘图工具"动态命令标签"格式"选项卡的"艺术字样式"组中的艺术字列表中选择"填充,无,轮廓,颜色2"效果;在艺术字"字体"选择列表中选择字体颜色为"橙色"(见图9-9),设置后的最终效果如图9-10所示。

图9-9　艺术字样式列表　　　　　　　　图9-10　幻灯片效果

（8）在第2张幻灯片中，选中标题占位符下面的诗文，在"开始"选项卡"字体"组的"字体"列表中选择"华文仿宋"，字号为"28"号，字体颜色设置为"紫色"。在"段落"组中将其设置为"两端对齐"显示，效果如图9－11所示。

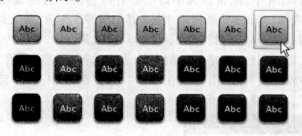

图9－11 幻灯片效果

（9）用鼠标选中诗的主要内容，在"绘图工具"动态命令标签"格式"选项卡的"绘图"组中单击"快速样式"按钮，在打开的如图9－12所示的列表中选择"细微效果6"样式，设置完成后的效果如图9－13所示。

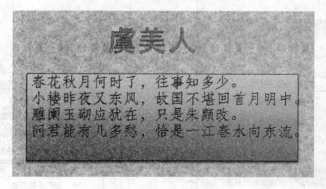

图9－12 幻灯片快速样式列表

图9－13 幻灯片效果

（10）在第2张幻灯片中，用鼠标选中诗的标题"虞美人"文本，在"动画"选项卡的"动画"组中选择"自定义动画"选项，打开如图9－14所示的"自定义动画"任务窗格，从中选择"进入"效果中的"菱形"效果。

（11）在第2张幻灯片中，将标题"虞美人"文本设置动画效果后，在"自定义动画"任务窗格的"开始"列表中，选择动画的播放方式为"单击时"，在动画"方向"列表中选择"缩小"方式，动画的播放速度设置为"慢速"，如图9－15所示。

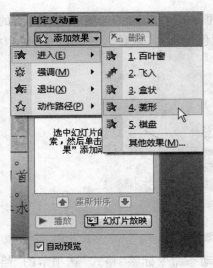

图9-14 自定义动画任务窗格(1)

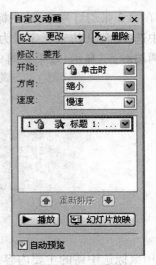

图9-15 自定义动画任务窗格(2)

（12）在第2张幻灯片中，用鼠标选中诗的所有内容，在"自定义动画"任务窗格的"添加动画"效果列表中选择"强调"动画列表中的"其他效果"选项，系统弹出如图9-16所示的"添加强调效果"对话框，从中选择"彩色波纹"动画效果。

（13）在"自定义动画"任务窗格的"动画"列表中选择所设置的第2个动画，在"开始"列表中选择动画的播放方式为"单击时"，在动画"颜色"列表中选择"蓝色"效果，动画的播放速度设置为"中速"，如图9-17所示。

图9-16 "添加强调效果"对话框

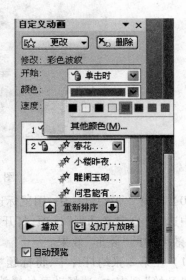

图9-17 设置动画效果自定义窗格

（14）在"自定义动画"任务窗格的"动画"效果"颜色"列表中,如果用户对"动画"颜色中的效果不是太满意,可以选择"其他颜色"选项,打开"色彩面板"重新设置动画的播放色彩。当动画设置完成后,第2张幻灯片的效果如图9-18所示。

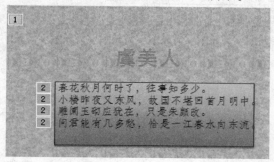

图9-18　设置好动画效果

（15）在"开始"选项卡的"幻灯片"组中选择"新建幻灯片"选项,选中"图片与标题"版式。用鼠标右键单击此幻灯片,从弹出的快捷菜单中选择"设置背景格式"选项,在打开的"设置背景格式"对话框中选择"渐变填充"效果,在预设效果列表中选择"雨后初晴"选项,最终效果如图9-19所示。

（16）选中创建的第3张幻灯片,在普通视图中单击"图片"占位符,系统弹出"插入图片"对话框,将预先准备好的"李煜"图像放入幻灯片中。最后在"图片"下面的占位符中输入本诗的创作背景简介文本,并将其字体设置为"黑体",字号为"24"号,颜色为"紫色",效果如图9-20所示。

图9-19　新建幻灯片

图9-20　设置幻灯片

（17）在第1张幻灯片的普通视图中,选中文本"作者:李煜",在"插入"选项卡的"链接"组中选择"超链接"选项,系统弹出如图9-21所示的"编辑超链接"对话框。在此对话框的"链接到"列表中选择"本文档中的位置",在"请选择文档中的位置"列表框中选择"最后一张幻灯片",单击"确定"按钮后的效果如图9-22所示。

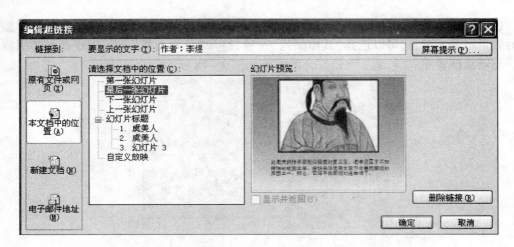

图 9 – 21 "编辑超链接"对话框

图 9 – 22 添加超链接后的效果

9.2 制作"电子相册"演示文稿

效果图:最终效果如图 9 – 23 所示。

图 9 – 23 演示文稿的最终效果图

实例步骤：

（1）单击"开始"菜单，选择 PowerPoint 2007 应用程序，进入到演示文稿的编辑界面中。在"开始"选项卡的"幻灯片"组中选择"版式"选项，打开如图 9-24 所示的版式列表，从中选择"空白"版式。

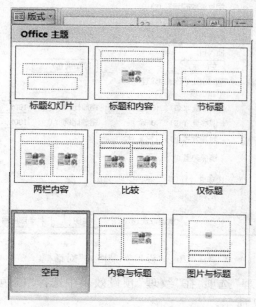

图 9-24　幻灯片版式列表框

（2）选中新建立的幻灯片，在"设计"选项卡的"背景"组中选择"背景样式"选项，在展开的如图 9-25 所示的列表中选择"设置背景格式"选项，系统弹出"设置背景格式"对话框，如图 9-26 所示。

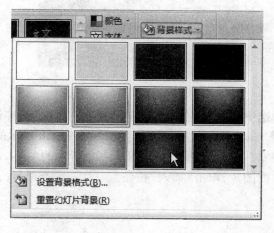

图 9-25　幻灯片背景列表框

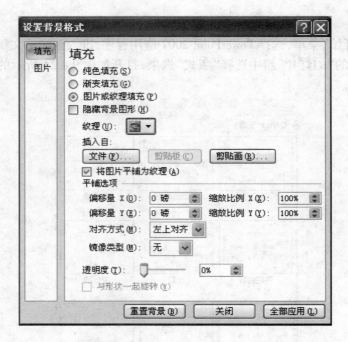

图9-26 "设置背景格式"对话框

（3）选中"图片或纹理"选项，在"纹理"预设效果中选择"红色面巾纸"选项，单击"关闭"按钮，效果如图9-27所示。

图9-27 幻灯片效果

（4）在普通视图中选中幻灯片，在"插入"选项卡的"插图"组中选择"相册"选项，在展开的"相册"列表中选择"新建相册"选项，系统弹出如图9-28所示的"相册"对话框。

（5）单击"文件/磁盘"按钮，在弹出的如图9-29所示的"插入新图片"对话框中选择需要添加到电子相册中的图片，单击"插入"按钮。

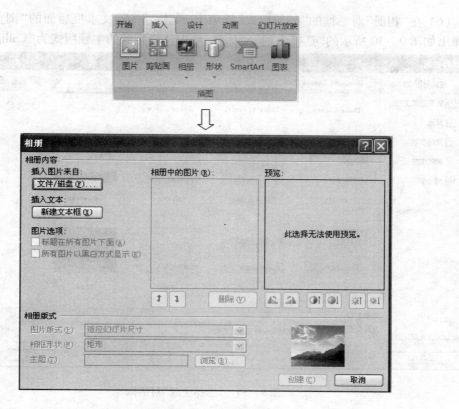

图 9 - 28　"相册"对话框

图 9 - 29　"插入新图片"对话框

（6）在"相册"对话框的"相册版式"选项中，单击"主题"文本框后面的"浏览"按钮，系统弹出如图9-30所示的"选择主题"对话框，从中选择相册的主题版式为"Calligraphy"。

图9-30 "选择主题"对话框

（7）在"相册"对话框的"相册版式"选项区域中单击"图片版式"按钮，在展开的列表中选择"适应幻灯片尺寸"选项。设置完成后，在"相册"对话框中单击"创建"按钮，即可完成"相册"的创建操作，效果如图9-31所示。

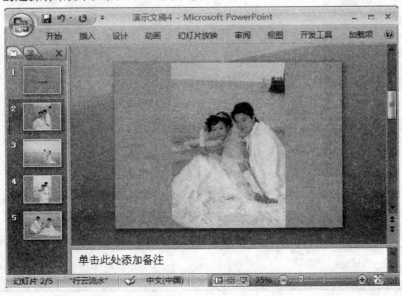

图9-31 创建的相册

（8）对于创建好的相册，用户还需要在"插图"组中选择"相册"选项，在展开的列表中选择"编辑相册"选项（见图 9－32），再次打开"编辑相册"对话框，对创建的相册进行修改操作。

（9）在"编辑相册"对话框中，可以通过"预览"观看效果，对于不太满意的图片，可以通过"删除"命令执行删除操作，如图 9－33 所示。操作完成后，相应的幻灯片效果也会被删除。

图 9－32　编辑相册列表框

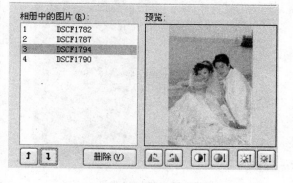

图 9－33　幻灯片照片编辑列表框

（10）在"编辑相册"对话框中，在"相册版式"的"图片版式"列表中选择"1 张图片"，在"相框形状"列表中选择"圆角矩形"选项（见图 9－34），最后单击"更新"按钮，所做的修改将反映到演示文稿中。

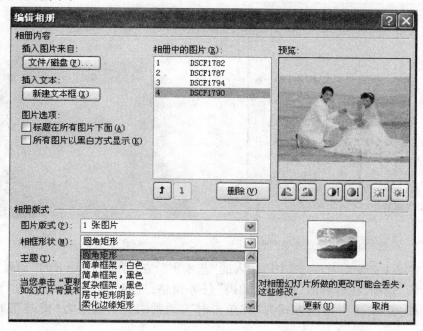

图 9－34　"编辑相册"对话框

（11）在演示文稿中选择第 1 张幻灯片，在"设计"选项卡的"背景"组中选择"背景样式"选项，在展开的列表中选择"设置背景格式"选项，系统弹出"设置背景格式"对话框。在

"填充"选项中选择"图片或纹理"填充,单击"文件"按钮,将准备好的图片插入到幻灯片中做背景,最终效果如图9-35所示。

(12)在第1张幻灯片中,单击"电子相册"文本下面的占位符,按 Delete 键将其删除。在"插入"选项卡的"文本"组中选择"艺术字"选项,输入艺术字"珍惜我们现在所拥有的生活",效果如图9-36所示。

图9-35　幻灯片背景　　　　　　　　　　　　图9-36　幻灯片文本效果

(13)在第1张幻灯片中,选中所插入的"艺术字",在"绘图工具"动态命令标签"格式"选项卡的"艺术字样式"组中选择"文本效果"中的"发光"选项,在展开的如图9-37所示的列表中选择"强调文本6,8发光"效果,设置完成后的效果如图9-38所示。

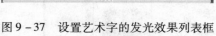

图9-37　设置艺术字的发光效果列表框　　　　图9-38　幻灯片效果

(14)在第1张幻灯片中,选中所插入的"艺术字",在"动画"选项卡的"动画"组中选择"自定义动画"选项,在打开的"自定义动画"任务窗格,选择"退出"效果中的"百叶窗"效果,速度选择为"中速",播放方式为"在单击时",动画的显示效果为"横向",如图9-39所示。

（15）选择第 1 张幻灯片，在"插入"选项卡的"媒体剪辑"组中选择"声音"选项，在打开的如图 9－40 所示的"声音"列表中选择"文件中的声音"选项，系统弹出"插入声音"对话框，选择准备好的音乐文件"一生中的美好"，单击"确定"按钮，即可在第一张幻灯片中插入声音图标。

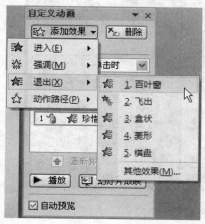

图 9－39　设置自定义动画任务窗格　　　　图 9－40　设置动画声音媒体剪辑组

（16）选中第 1 张幻灯片中的声音图标，在"声音工具"动态命令标签"选项"选项卡的"声音选项"组中的"播放声音"选项列表中选择"单击时"播放声音，并且选中"循环播放，直到停止"和"放映时隐藏"复选框，设置声音在播放时自动隐藏，并且是不停地播放，如图 9－41 所示。

图 9－41　设置声音选项组

（17）选中第 1 张幻灯片，在"动画"选项卡的"切换到此幻灯片"组中选择第 1 张幻灯片的切换效果为"从内到外水平分割"，切换时无声音，切换速度为"中速"，如图 9－42 所示。

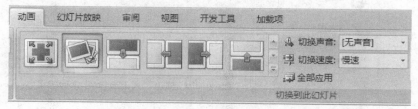

图 9－42　设置幻灯片的切换效果

（18）分别选中演示文稿中的第 2、3、4、5 张幻灯片，按照第 1 张幻灯片动画切换效果的设置方法进行操作，将第 2 张幻灯片设置为"顺时针回旋"，速度为"中速"；将第 3 张幻灯片设置为"加号"，速度为"中速"；将第 4 张幻灯片设置为"盒状展开"，速度为"慢速"；将第 5

张幻灯片设置为"新闻快报",速度为"快速"。幻灯片的切换效果设置成功后如图9-43所示。

图9-43　幻灯片效果

（19）当所有的设置操作完成后,单击"Office 按钮",在展开的如图 9-44 所示的"Office 菜单"中选择"保存"选项,以"电子相册"为名称进行存盘,以方便下次欣赏所用。

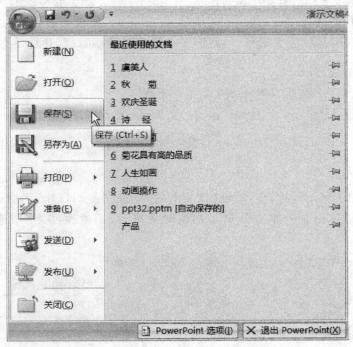

图9-44　Office 菜单

9.3 制作"商场人事组织结构"演示文稿

本次实例主要介绍如何制作《商场人事组织结构》演示文稿。

效果图:本实例的最终效果如图9-45所示。

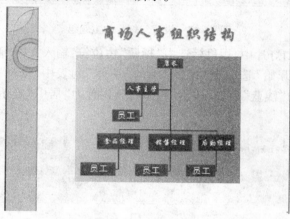

图9-45 演示文稿的最终效果图

实例步骤:

(1)单击"开始"菜单,选择PowerPoint 2007应用程序,进入到演示文稿的编辑界面中。在"开始"选项卡的"幻灯片"组中选择"版式"选项,打开如图9-46所示的版式列表,从中选择"仅标题"版式。

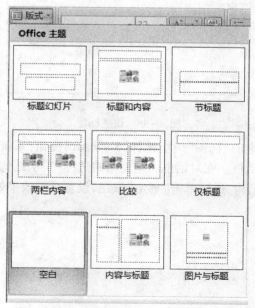

图9-46 幻灯片版式列表框

（2）选中新建立的幻灯片,在"设计"选项卡的"主题"组中选择"夏至"主题,如图9-47所示。

图9-47　设置幻灯片的主题组

（3）在新建立的幻灯片中,用鼠标选中"标题"占位符,输入文本"商场人事组织结构"。选中输入的文本,在"开始"选项卡"字体"组的"字体"列表中,选择"华文行楷",字号为"43",字体颜色设置为"浅蓝"。在"段落"组中将其设置为"居中"显示,设置后的效果如图9-48所示。

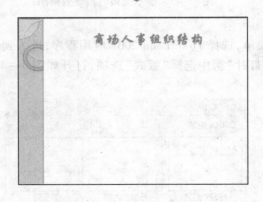

图9-48　设置标题

（4）在"插入"选项卡的"插图"组中选择"SmartArt"按钮,系统弹出如图9-49所示的"选择SmartArt图形"对话框。在对话框的左窗格中选择"层次结构"选项,在展开的右窗格列表中选择第1种组织结构,最后单击"确定"按钮,设置后的效果如图9-50所示。

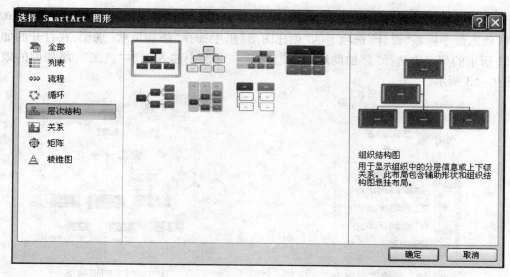

图 9 – 49 "选择 SmartArt 图形"对话框

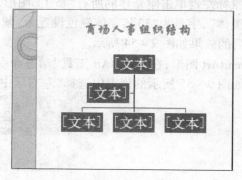

图 9 – 50 幻灯片效果

（5）在新建的幻灯片中,选中插入的图形。输入相应的文本后,在"开始"选项卡"字体"组的"字体"列表中选择"华文行楷",字号为"20",字体颜色设置为"橙色"。在"段落"组中将其设置为"居中"显示,效果如图 9 – 51 所示。

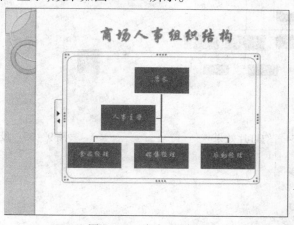

图 9 – 51 幻灯片效果

（6）分别选中"人事主管"、"食品经理"、"销售经理"和"后勤经理"图形,在"SmartArt工具"动态命令标签"设计"选项卡的"创建图形"组中选择"添加形状"选项,在打开的如图9－52所示的列表中选择"添加助理"选项,然后在图形中输入文本"员工",添加后的效果如图9－53所示。

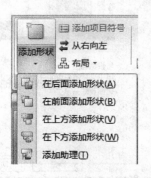

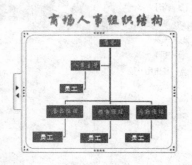

图9－52 创建图形列表　　　　　　　　　　图9－53 图形效果

（7）按住Shift键,用鼠标左键单击刚新建的所有"员工"图形,在"开始"选项卡"字体"组的"字体"列表中选择"黑体",字号为"23",字体颜色设置为"紫色"。在"段落"组中将其设置为"居中"显示,设置后的效果如图9－54所示。

（8）选中创建好的SmartArt图形,在"SmartArt工具"动态命令标签"格式"选项卡中选择"排列"选项,在打开的如图9－55所示的列表中选择"左右居中"项。

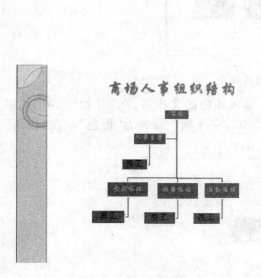

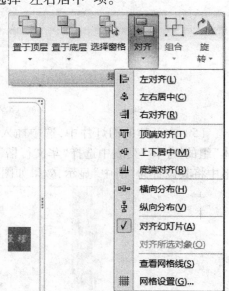

图9－54 幻灯片效果　　　　　　　　　　图9－55 设置图形对齐方式

（9）选中创建好的 SmartArt 图形，在"SmartArt 工具"动态命令标签"格式"选项卡的"艺术字样式"组中选择"文本填充"选项，在打开的填充列表中选择"渐变填充"效果中的"线性向左"效果；然后选择"文本轮廓"选项，在展开的轮廓列表中选择"粗细"选项中的"1磅"选项，如图 9 – 56 所示。

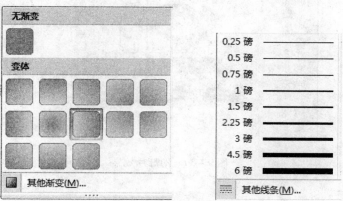

图 9 – 56　设置图形的渐变与发光效果

（10）选中创建好的 SmartArt 图形，在"SmartArt 工具"动态命令标签"设计"选项卡的"SmartArt 样式"组中选择"更改颜色"选项，在打开的如图 9 – 57 所示的列表中选择彩色效果中的"第 4 种 红色"效果。

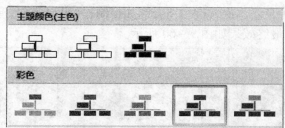

图 9 – 57　设置图形的主题色列表

（11）选中创建好的 SmartArt 图形，在"SmartArt 工具"动态命令标签"设计"选项卡的"SmartArt 样式"组中单击样式列表，在打开的如图 9 – 58 所示的列表中选择彩色效果中的"粉末"效果，设置完成后的图形如图 9 – 59 所示。

图 9 – 58　设置 SmartArt 图形样式列表

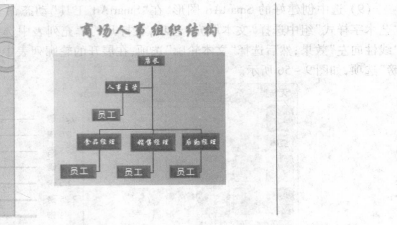

图9-59 幻灯片效果

9.4 制作"可口美食"演示文稿

民以食为天,人类为了生存就离不开食物,没有食物就等于失去了劳动的能力,没有了维持人类生命继续的源泉。本次实例主要介绍如何制作《可口美食》演示文稿。

效果图:本实例的最终效果如图9-60所示。

图9-60 演示文稿的最终效果

实例步骤:

(1)单击"开始"菜单,选择 PowerPoint 2007 应用程序,进入到演示文稿的编辑界面中。在"开始"选项卡的"幻灯片"组中选择"版式"选项,打开版式列表,从中选择"标题和内容"版式。

(2)选中新建立的幻灯片,在"设计"选项卡的"背景"组中选择"背景样式"选项,在展开的列表中选择"设置背景格式"选项,系统弹出"设置背景格式"对话框。在"填充"选项区域中选择"渐变"填充,在预设效果中选择"金色年华"选项,在"类型"列表中选择"路径",在"渐变光圈"下拉列表中选择"光圈3",如图9-61所示。

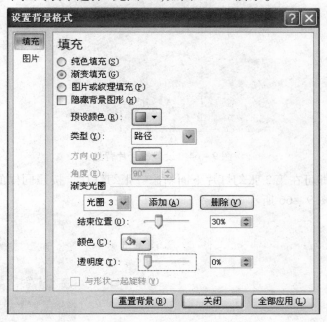

图9-61　"设置背景格式"对话框

(3)在幻灯片普通视图的标题占位符中输入文本"可口美食",在正文内容占位符中输入制作美食所用到的材料文本信息,效果如图9-62所示。

(4)选中第1张幻灯片,在"插入"选项卡的"插图"组中选择"图片"选项,系统弹出"图片"对话框。在此对话框中选择所需要的图片,单击"插入"按钮,即可将预先准备好的图片放入到幻灯片中,效果如图9-63所示。

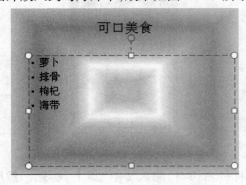

图9-62　幻灯片效果

图9-63　幻灯片效果

(5)在"开始"选项卡的"幻灯片"组中选择"新建幻灯片"选项,打开版式列表,从中选择"内容与标题"版式。按照设置第1张幻灯片背景的方法设置第2张幻灯片为相同的背景,设置后的效果如图9-64所示。

(6)用鼠标右键单击新建立的第2张幻灯片,从弹出的如图9-65所示的列表中选择

图9-64 设置幻灯片背景

复制幻灯片命令,即可在第2张幻灯片下面新添一张幻灯片。按照同样的方法,再次创建2张幻灯片,效果如图9-66所示。

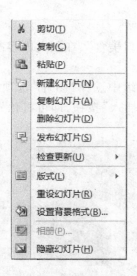

图9-65 右键菜单

图9-66 复制幻灯片

(7)在"第2张幻灯片"的普通视图中,单击标题占位符,输入文本"萝卜"标题。然后在"开始"选项卡"字体"组的"字体"列表中选择"华文楷体",字号为"44"号,在"段落"组中将其设置为"居中对齐"显示,并在其下的文本占位符中输入萝卜的功效,"字体"选择"华文新魏",字号为"36",字体颜色为"蓝色",设置后的效果如图9-67所示。

(8)选中第2张幻灯片,在"插入"选项卡"插图"组中选择"图片"选项,选择准备好的图片后,单击"插入"按钮,即可实现图片的插入操作。对插入到幻灯片中的图片,可以通过拖动图片四周边框的方式改变其大小和位置,设置成功后的效果如图9-68所示。

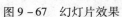

图9-67 幻灯片效果　　　　　　　　　图9-68 幻灯片效果

（9）根据第2张幻灯片添加文本和图片的操作方法，分别在第3张幻灯片中加入有关"排骨"材料的相关效果；在第4张幻灯片中加入有关"枸杞"材料的相关效果；在第5张幻灯片中加入有关"海带"材料的相关效果。设置完成后的效果如图9-69所示。

图9-69 幻灯片效果

（10）选中第1张幻灯片中的"标题"，在"动画"选项卡的"动画"组中选择"自定义动画"选项，在打开的如图9-70所示的"自定义动画"任务窗格中选择"进入"效果中的"棋盘"，播放速度设为"慢速"。再次选择第1张幻灯片中的"图片"，在"强调"效果中选择"其他效果"，在弹出的如图9-71所示的"添加强调效果"对话框中选择"忽明忽暗"效果，速度为"慢速"。

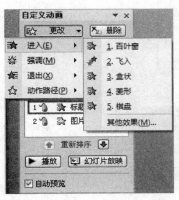
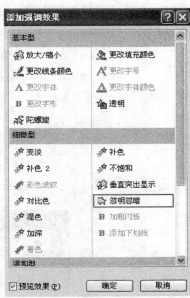

图9-70 自定义动画任务窗格　　　图9-71 "添加强调效果"对话框

（11）重复步骤（10）中的操作，将演示文稿中的第2张到第5张幻灯片中的标题文本和图片，分别在"自定义动画"任务窗格中设置相应的动画效果，并设置动画播放的速度和方向。

（12）选中第1张幻灯片，在"动画"选项卡的"切换到此幻灯片"组中选择第一张幻灯片的切换效果为"盒状展开"；在切换声音列表中选择"爆炸"，并设置幻灯片的切换速度为"中速"，最后单击"全部应用"按钮，即可将演示文稿中的所用幻灯片设置为同一种切换效果，如图9－72所示。

图9－72　设置幻灯片的切换效果

（13）在"幻灯片放映"选项卡的"开始放映幻灯片"组中单击"从头开始"按钮，观看所设置的动画效果，如图9－73所示。

图9－73　设置幻灯片的放映

（14）选择第1张幻灯片，在"插入"选项卡的"媒体剪辑"组中选择"录制声音"选项，系统弹出如图9－74所示的"录音"对话框。设置录音文件的名称为"可口美食"，然后为"可口美食"演示文稿录制制作方法和旁白，最后单击"确定"按钮，即可在第1张幻灯片中插入声音图标。

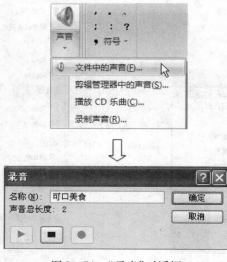

图9－74　"录音"对话框

（15）选择第 1 张幻灯片，在"插入"选项卡的"插图"组中选择"形状"选项，在打开的如图 9-75 所示的自选图形列表中选择"动作按钮"选项。在此选项列表中，用户可以选择动作按钮中的"开始"按钮，在幻灯片的下方拖动鼠标不放，拖出按钮的大小后释放鼠标，将打开如图 9-76 所示的"动作设置"对话框。选择"单击鼠标"选项卡，在"超链接到"下拉列表中选择第 1 张幻灯片，单击"确定"按钮。

图 9-75　设置动画按钮列表　　　　　　　图 9-76　"动作设置"对话框

（16）选中第 1 张幻灯片中的"开始"动作按钮，单击鼠标右键，在弹出的快捷菜单中选择"编辑文字"选项，输入文本"开始"，并在"开始"选项卡的"字号"列表中将其设置为"40"号字，效果如图 9-77 所示。

（17）选中第 1 张幻灯片，按照前面的步骤，用相同的方法在第 1 张幻灯片中再增加 3 个按钮，分别是"后退或前一项"、"前进或下一项"、"结束"文本按钮，设置的超链接为"上一张幻灯片"、"下一张幻灯片"和"最后一张幻灯片"，设置完成后的效果如图 9-78 所示。

图 9-77　幻灯片效果　　　　　　　　　　图 9-78　幻灯片效果图

（18）在第 1 张幻灯片中，选中"萝卜"文本，在"插入"选项卡的"链接"组中选择"超链接"选项，系统弹出"插入超链接"对话框。在此对话框的左窗格中选择"文档中的位置"，在右窗格展开的列表中选择幻灯片标题下的"萝卜",可在幻灯片预览中查看效果。最后单击"确定"按钮,即可完成超链接的设置操作,如图9-79所示。

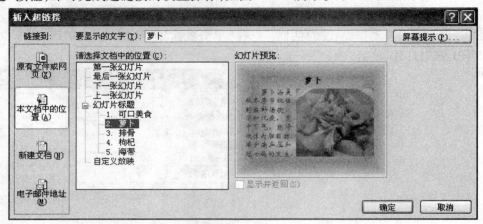

图9-79 "插入超链接"对话框

（19）在第1张幻灯片中,选中"排骨"、"枸杞"、"海带"文本,重复步骤(18)中的操作,分别为这三个文本创建超链接。链接的对象为幻灯片标题下的"排骨"幻灯片、"枸杞"幻灯片、"海带"幻灯片,设置完成后的最终效果如图9-80所示。

图9-80 幻灯片效果

9.5 制作"教学课件"演示文稿

随着科技的发展,现在的教学内容大部分都会制作成电子版的格式,在视频设备上进行播放。本次实例主要介绍如何制作《教学课件》演示文稿。

效果图:本实例的最终效果如图9-81所示。

实例步骤:

（1）单击"开始"菜单,选择 PowerPoint 2007 应用程序,进入到演示文稿的编辑界面中。在"开始"选项卡的"幻灯片"组中选择"版式"选项,打开版式列表,从中选择"标题和内容"版式。

图9-81　演示文稿的最终效果图

（2）选中新建立的幻灯片，在"设计"选项卡的"主题"组中选择"夏日"主题效果。在幻灯片普通视图的"标题"占位符中输入文本"茶馆人物形象教学课件"，并在"开始"选项卡"字体"组的"字体"列表中选择"华文中宋"，字号为"28"，加粗效果；在"段落"组中将其设置为"居中对齐"，效果如图9-82所示。

图9-82　设置幻灯片主题效果

（3）选中第1张幻灯片，在"插入"选项卡的"插图"组中选择"形状"选项，在打开的如图9-83所示的"插入形状"列表中执行"圆角矩形"命令，在幻灯片中拖动鼠标到合适的位置后，释放鼠标并输入相应的文本"作者介绍"，效果如图9-84所示。

图9-83　插入形状图形列表

图9-84　幻灯片效果

（4）选中第1张幻灯片中的"作者介绍"圆角矩形，在"绘图工具"动态命令标签"格式"选项卡的"形状样式"组中选择"强烈效果1"选项，如图9-85所示。

图9-85 设置自选图形的样式

（5）选中第1张幻灯片中的"作者介绍"圆角矩形，在"绘图工具"动态命令标签"格式"选项卡的"艺术字样式"组中选择"粗糙棱台"效果，设置完成后的效果如图9-86所示。

（6）选中第1张幻灯片中的"作者介绍"圆角矩形，用鼠标右键单击，从弹出的快捷菜单中选择"复制"选项，然后执行"粘贴"命令，复制3个相同效果的圆角矩形，并输入相应的文本，如图9-87所示。

图9-86 幻灯片效果

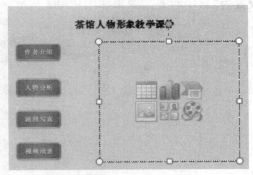

图9-87 幻灯片效果

（7）在第1张幻灯片的普通视图中，单击图片占位符，在弹出的"插入"图片对话框中选择准备好的茶馆人物话剧图片，单击"插入"按钮。可以通过拖动图片四周的控制柄，对图片进行大小和位置的调整，效果如图9-88所示。

图9-88 幻灯片效果

（8）在"开始"选项卡的"幻灯片"组中选择"新建幻灯片"选项,打开版式列表,从中选择"标题和内容"版式。输入标题文本为"作者介绍",在"开始"选项卡"字体"组的"字体"列表中选择"华文中宋",字号为"36",加粗效果;在"段落"组中将其设置为"居中对齐"。接着输入介绍文本说明,并将其设置为"华文楷体",效果如图9-89所示。

（9）在第2张幻灯片的普通视图中,单击图片占位符,在弹出的"插入"图片对话框中选择准备好的老舍人物图像,单击"插入"按钮,再通过拖动图片四周的控制柄,对图片进行大小和位置的调整,效果如图9-90所示。

图9-89　幻灯片效果　　　　　　　　　　图9-90　幻灯片效果

（10）按照步骤（8）和步骤（9）中的方法新建第3张幻灯片,版式为"图片与标题",并添加文本标题"人物分析","字体"选择"华文中宋",字号为"36",加粗效果;在"段落"组中将其设置为"居中对齐"。同时,插入相应的人物图片,设置后的效果如图9-91所示。

（11）选中第3张幻灯片,在人物图片下方添加文本信息"王利发"、"常四爷"和"松二爷",并将其字体设置为"黑体",字号为"32",字体颜色为"红色";在"段落"组中,将其设置为"居中对齐"。设置后的效果如图9-92所示。

图9-91　幻灯片效果　　　　　　　　　　图9-92　幻灯片效果

（12）按照步骤（8）和步骤（9）中的方法新建第4张幻灯片,版式为"仅标题",并添加文本标题"剧照写真","字体"选择"华文中宋",字号为"43",加粗效果;在"段落"组中将其设置为"居中对齐"。同时插入相应的人物图片,设置后的效果如图9-93所示。

（13）按照步骤（8）和步骤（9）中的方法新建第5张幻灯片,版式为"仅标题",并添加文本标题"视频欣赏","字体"选择"华文中宋",字号为"43",加粗效果;在"段落"组中将其设置为"居中对齐"。

（14）选择第5张幻灯片,在"插入"选项卡的"媒体剪辑"组中选择"影片"命令,在打开

图9-93　幻灯片效果

的如图9-94所示的列表中选择"文件中的影片"选项,然后在幻灯片的普通视图中拖动鼠标,绘制出影片的播放窗口,效果如图9-95所示。

图9-94　设置幻灯片影片

图9-95　幻灯片效果

(15)选中第1张幻灯片,在"动画"选项卡的"切换到此幻灯片"组中选择第1张幻灯片的切换效果为"菱形";在切换声音列表中选择"无声音",并设置幻灯片的切换速度为"中速",最后单击"全部应用"按钮,即可将演示文稿中的所用幻灯片设置为同一种切换效果,如图9-96所示。

图9-96　设置幻灯片的切换效果

(16)在第1张幻灯片中,选中"作者介绍"图形框,在"插入"选项卡的"链接"组中,选择"超链接"选项,系统弹出"插入超链接"对话框。在此对话框的左窗格中选择"文档中的位置",在右窗格展开的列表中选择幻灯片标题下的"作者介绍",并在幻灯片预览中查看效果。最后单击"确定"按钮,即可完成超链接的设置操作,如图9-97所示。

图9-97　"插入超链接"对话框

（17）选中第1张幻灯片，选中"人物分析"、"剧照写真"、"视频欣赏"图形框，重复步骤（16）中的操作，分别为这3个图形框创建超链接。链接的对象为幻灯片标题下的"人物分析"幻灯片、"剧照写真"幻灯片、"视频欣赏"幻灯片，设置完成后的最终效果如图9-98所示。

图9-98　幻灯片效果

（18）单击"Office按钮"，在打开的"Office菜单"中选择"发布"选项，在展开的列表中选择"CD数据包"选项，系统弹出如图9-99所示的"打包成CD"对话框。在此对话框中，将CD命名为"教学课件CD"，单击"关闭"按钮，系统将完成打包操作。

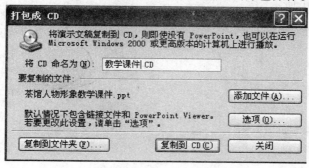

图9-99　"打包成CD"对话框

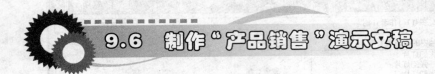

在商海中,竞争是非常激烈的,任何一家公司如果想在市场中占有一席地位,没有良好的产品销售理念做指导,就相当于没有指路的明灯。本次实例主要介绍如何制作《产品销售》演示文稿。

效果图:本实例的最终效果如图9－100所示。

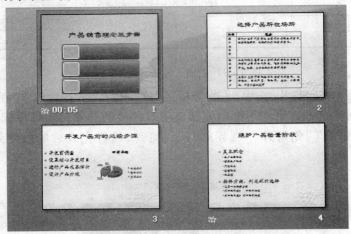

图9－100　演示文稿的最终效果

实例步骤:

(1) 单击"开始"菜单,选择 PowerPoint 2007 应用程序,进入到演示文稿的编辑界面中。在"开始"选项卡的"幻灯片"组中选择"版式"选项,打开版式列表,从中选择"标题和内容"版式。

(2) 选中新建立的幻灯片,在"设计"选项卡的"主题"组中选择"龙腾四海"主题效果。在幻灯片普通视图的"标题"占位符中输入文本"产品销售理念三步曲",并在"开始"选项卡"字体"组的"字体"列表中选择"隶书",字号为"48";在"段落"组中将其设置为"居中对齐",效果如图9－101所示。

图9－101　幻灯片效果

（3）选中第 1 张幻灯片，在"插入"选项卡的"插图"组中选择"SmartArt"选项，系统弹出如图 9 – 102 所示的"选择 SmartArt 图形"对话框，从中选择"列表"命令中的"垂直图片列表"图形，单击"确定"按钮。

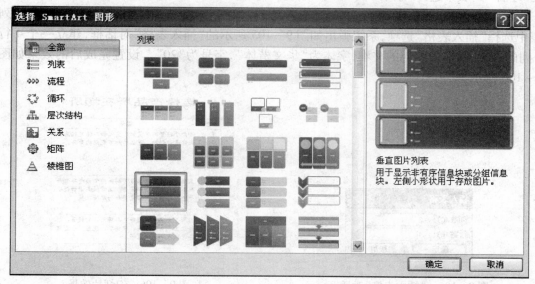

图 9 – 102　"选择 SmartArt 图形"对话框

（4）选择第 1 张幻灯片中的"SmartArt 图形"，在"SmartArt 工具"动态命令标签"格式"选项卡的"形状样式"组中选择"细微效果 5"样式（见图 9 – 103），最后在"SmartArt 图形"中输入相应的文本，效果如图 9 – 104 所示。

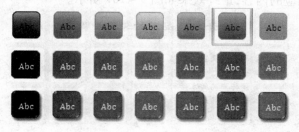

图 9 – 103　SmartArt 图形样式列表

图 9 – 104　幻灯片效果

（5）在"开始"选项卡的"幻灯片"组中选择"新建幻灯片"选项，打开版式列表，从中选择"标题和内容"版式。输入标题文本为"选择产品所在场所"，在"开始"选项卡"字体"组的"字体"列表中选择"隶书"，字号为"44"；在"段落"组中将其设置为"居中对齐"。

（6）选中第2张幻灯片，在"插入"选项卡的"表格"组中选择"表格"选项，在打开的列表中选择"插入表格"选项，系统弹出如图9－105所示的"插入表格"对话框，建立一个4行2列的表格，并输入相应的文本，字体为"华文楷体"，字号为"20"。设置完成后的效果如图9－106所示。

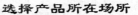

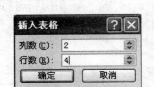

图9－105　"插入表格"对话框　　　　　　　图9－106　幻灯片效果

（7）在"开始"选项卡的"幻灯片"组中选择"新建幻灯片"命令，打开版式列表，从中选择"标题和内容"版式。输入标题文本为"开发产品前的必经步骤"，在"开始"选项卡"字体"组的"字体"列表中选择"隶书"，字号为"44"；在"段落"组中将其设置为"居中对齐"。在标题文本中输入相应的内容，最终效果如图9－107所示。

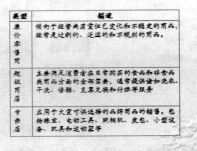

图9－107　幻灯片效果

（8）选中第3张幻灯片，在"插入"选项卡的"插图"组中选择"图表"命令，系统弹出如图9－108所示的"插入图表"对话框。在此对话框中选择"饼形"中的"三维饼形"效果，最后单击"确定"按钮，设置后的效果如图9－109所示。

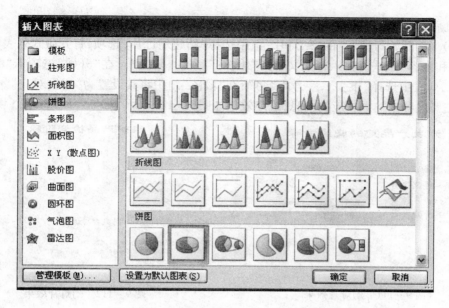

图 9-108 "插入图表"对话框

图 9-109 幻灯片效果

（9）在第 3 张幻灯片中单击插入的图表,在"图表工具"动态命令标签"设计"选项卡的"图表布局"组中选择"布局 6",如图 9-110 所示。

图 9-110 幻灯片布局列表框

（10）在第 3 张幻灯片中单击插入的图表,在"图表工具"动态命令标签"设计"选项卡的"数据"组中执行"编辑数据"命令,将打开"Excel"数据编辑表格,更改图表中的文本信息。设置后的效果如图9-111所示。

（11）在"开始"选项卡的"幻灯片"组中选择"新建幻灯片"选项，打开版式列表，从中选择"标题和内容"版式。输入标题文本为"维护产品检查阶段"。在"开始"选项卡"字体"组的"字体"列表中选择"隶书"，字号为"44"；在"段落"组中将其设置为"居中对齐"。在标题文本的主要内容中输入相应的信息，最终效果如图9-112所示。

图9-111　幻灯片效果　　　　　　　　　图9-112　幻灯片效果

（12）选中第1张幻灯片中的"标题"，在"动画"选项卡的"动画"组中选择"自定义动画"选项，在打开的"自定义动画"任务窗格中选择"退出"效果中的"飞出"动画，播放速度为"慢速"；动画方向为"从右侧"，如图9-113所示。

（13）选中第1张幻灯片中的"SmartArt图形"，在"动画"选项卡的"动画"组中选择"自定义动画"命令，在打开的"自定义动画"任务窗格中选择"强调"效果中的"陀螺旋"效果，播放速度为"中速"；动画数量设置为"顺时针 完全旋转"，如图9-114所示。

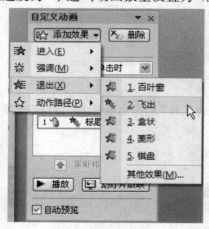 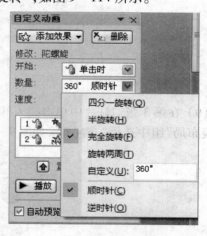

图9-113　自定义动画任务窗格　　　　　图9-114　设置自定义动画任务窗格

（14）选中第1张幻灯片，在"动画"选项卡的"切换到此幻灯片"组中选择第1张幻灯片的切换效果为"从外到内水平分割"；在切换声音列表中选择"无声音"，并设置幻灯片的切换速度为"中速"。选中"在此之后自动设置动画效果"复选按钮，设置自动换片的时间为00：05，最后单击"全部应用"按钮，即可将演示文稿中的所用幻灯片设置为同一种切换效果，如图9-115所示。

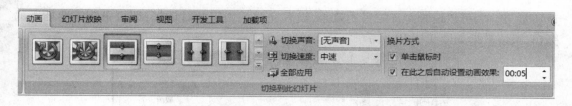

图 9 – 115　设置幻灯片动画的切换效果

（15）在第 1 张幻灯片中选中"选择产品"图形框,在"插入"选项卡的"链接"组中选择"超链接"选项,系统弹出"插入超链接"对话框。在此对话框的左窗格中选择"文档中的位置",在右窗格展开的列表中选择幻灯片标题下的"选择产品所在场所",可在幻灯片预览中查看效果。最后单击"确定"按钮,即可完成超链接的设置操作,如图 9 – 116 所示。

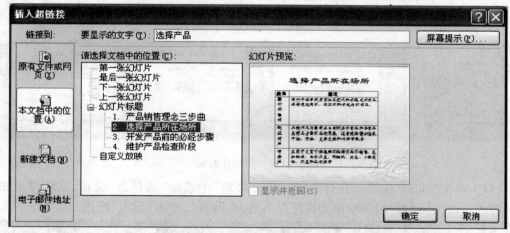

图 9 – 116　"插入超链接"对话框

（16）在第 1 张幻灯片中选择"开发产品"、"维护产品"图形框,重复步骤(15)中的操作,分别为这两个图形框创建超链接。链接的对象为幻灯片标题下的"开发产品前的必经步骤"幻灯片、"维护产品检查阶段"幻灯片,设置完成后的最终效果如图 9 – 117 所示。

图 9 – 117　幻灯片效果图

（17）打开创建的"产品销售"演示文稿,在"幻灯片放映"选项卡的"设置"组中选择"录制旁白"选项,系统弹出如图 9 – 118 所示的"录制旁白"对话框。在此对话框中选择"更

PowerPoint幻灯片制作实训教程

改质量"选项,可以设置声音的音质效果,设置完成后关闭此对话框,即可录制需要插入的旁白,最终效果如图 9 –119 所示。

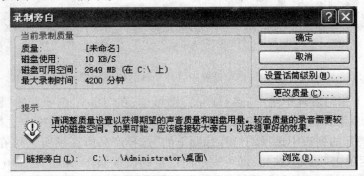

图 9 – 118   "录制旁白"对话框

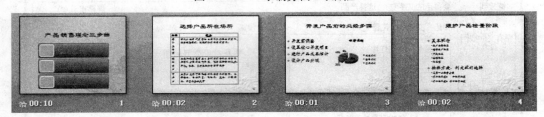

图 9 – 119   幻灯片效果

(18)单击"Office 按钮",在打开的"Office 菜单"中选择"另存为"选项,系统弹出如图 9 – 120所示的"另存为"对话框中选择保存类型为"网页",单击"发布"按钮。

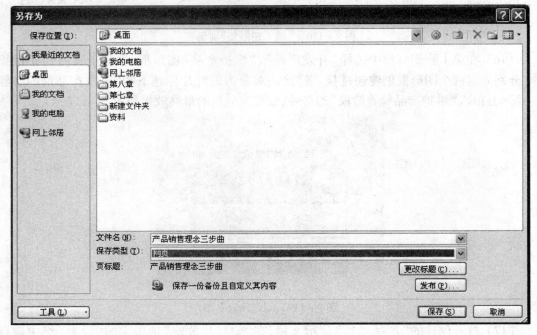

图 9 – 120   另存为网页对话框

（19）系统弹出如图 9 – 121 所示的"发布为网页"对话框,选择发布的内容为"整个演示文稿",并选中"在浏览器中打开已发布的网页"复选框,单击"发布"按钮。

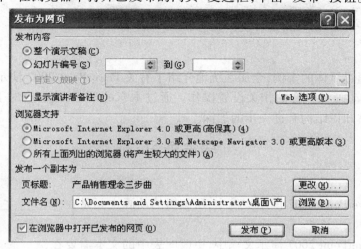

图 9 – 121　"发布为网页"对话框

（20）单击"发布"按钮后,即可观看到所创建的演示文稿的网页效果,如图 9 – 122 所示。

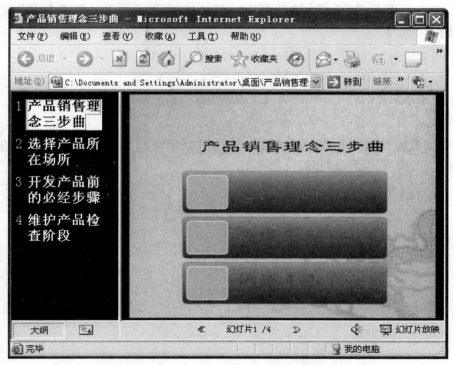

图 9 – 122　发布为网页后的效果

本章主要通过具体的实例,全面系统地介绍了有关 PowerPoint 2007 演示文稿中有关图片、图形、文本、动画和声音的相关设置操作。通过本章的学习,读者会对 PowerPoint 2007 演示文稿的整体知识结构有进一步的加深。

综合练习

1)填空题

(1)在 PowerPoint 2007 演示文稿中,所编辑的动画主要是在_____窗格中进行的。

(2)在 PowerPoint 2007 演示文稿中,更改图表中的文本需要在_____选项卡中进行。

(3)在自定义动画任务窗格中,系统提供的动画效果有_____、_____、_____、_____ 4 种方式。

(4)在 PowerPoint 2007 演示文稿中,插入超链接在_____选项卡中设置。

2)简答题

(1)简述如何为幻灯片中的图形对象设置"进入"动画效果。

(2)简述如何在演示文稿中"录制旁白"。

(3)简述如何在幻灯片中为图形对象添加图片的超链接。

3)上机题

在"我的电脑"D 盘"新年贺卡"文件夹中创建"新年快乐"演示文稿,练习如何在演示文稿中添加声音、图片和动画的相关设置操作。

课后习题参考答案

1

1）填空题

（1）.pptx　　（2）幻灯片放映视图　　（3）普通视图　　（4）演示文稿　　幻灯片

2）简答题

（1）PowerPoint 2007 为用户提供了普通视图、幻灯片浏览视图、幻灯片放映视图、备注视图 4 种方式。

（2）PowerPoint 2007 的工作界面主要由 Office 按钮、标题栏、快速访问工具栏、功能区、幻灯片/大纲窗格、备注窗格、幻灯片编辑区和状态栏等元素组成。

（3）创建一个新的演示文稿需要启动 PowerPoint 2007，进入其工作界面后单击"Office 按钮"，搪行"新建"/"空白演示文稿"/"创建"命令，最后单击"确定"按钮即可。

3）上机题

略

2

1）填空题

（1）幻灯片　　（2）Ctrl　　（3）占位符　　大纲视图　　文本框
（4）调整　　移动　　复制　　粘贴　　删除

2）简答题

（1）在 PowerPoint 2007 幻灯片中输入文本，用户可以通过占位符输入，也可以通过文本框和大纲视图输入。

（2）在 PowerPoint 2007 幻灯片中选定文本后，用户修改文本的字号需要在"开始"选项卡"字体"组的"字号"列表中选择所需要的字号。

（3）在文本框中输入文本需要在"插入"选项卡的"文本"组中选择"横排文本框"或者"垂直文本框"选项，然后在幻灯片窗口内单击鼠标左键，输入的文本框就会出现，最后输入相应的文本即可。

3）上机题

略

3

1）简答题

（1）在幻灯片中插入图片需要用户在功能区"插入"选项卡的"插图"组中单击"图片"

按钮,在弹出的"插入图片"对话框中选择图片所在的位置。选择所需的图片后单击右下角的"插入"按钮即可。

(2)更换 SmartArt 图形的外观样式需要用户选择要更换的图形,然后在功能区"设计"选项卡的"布局"组中选择一种布局格式即可。

(3)修改图表中的数据需要用户先选择图表,然后在功能区"图表工具"动态命令标签"设计"选项卡的"数据"组中执行"编辑数据"命令,将打开 Excel 工作表窗口,即可修改数据,完成数据修改后关闭此工作表窗口,图表中的数据随之改变。

2)上机题

略

4

1)填空题

(1)幻灯片母版　　讲义母版　　备注母版　　(2)Ctrl

(3)标题、文本内容、日期/时间、页脚和页码 5 个区域　　(4)设计

2)简答题

(1)修改选中幻灯片的背景样式,需要用户在"设计"选项卡的"背景"组中选择"背景样式"选项,然后在展开的列表中选取所需要的背景样式即可。

(2)利用图片填充幻灯片,需要用户在"背景"组中单击"对话框启动器"按钮,打开"设置背景格式"对话框。在此对话框中选择"图片或纹理填充",然后单击"文件"按钮,选择所要填充的图片后,单击确定按钮即可实现图片填充的操作。

(3)选择需要插入项目符号的幻灯片,在功能区"开始"选项卡"段落"组中单击"项目符号"按钮,在弹出的列表中选择所需要的符号样式即可。

3)上机题

略

5

1)填空题

(1)wav 格式　　midi 格式　　mp3 格式　　wma 格式　　(2)开发工具

(3)高　　低　　中静音　　(4)自动　　单击播放　　跨幻灯片播放

2)简答题

(1)选定要插入影片的幻灯片,在"插入"选项卡的"媒体剪辑"组中选择"影片"选项,在打开的选择列表中选择"文件中的影片"命令,单击需要的影片文件即可。

(2)在幻灯片中录制声音需要在"插入"选项卡"媒体剪辑"组中单击"声音"图标,在打开的列表中选择"录制声音"命令,打开"录音"对话框,可以进行声音录制操作。

(3)当声音文件插入到幻灯片中后,用户可以单击"声音选项"的对话框启动器按钮,打开声音选项对话框后,单击"声音音量"图标,通过拖动滑块可以任意调整声音的大小。

3）上机题

略

6

1）填空题

（1）自定义动画任务 （2）8

（3）进入式动画 强调式动画 退出式动画 动作路径式动画 （4）插入

2）简答题

（1）在幻灯片中选择需要设置动画的图片,然后在功能区"动画"选项卡的"动画"组中选择"自定义动画"选项,打开"自定义动画任务"窗格,单击"添加效果"按钮,从列表中选择退出特效即可。

（2）设置幻灯片的切换效果需要用户在"普通"或"幻灯片浏览"视图中选择幻灯片,然后在功能区"动画"选项卡的"切换到此幻灯片"组中选择系统提供的动画预设切换效果即可。

（3）在幻灯片中选择需要设置超链接的文本,在功能区"插入"选项卡的"链接"组中选择"超链接"命令,打开"编辑超链接"对话框。在此对话框中即可实现为文本设置图片的超链接操作。

3）上机题

略

7

1）填空题

（1）4 （2）动画 （3）Ctrl （4）4 （5）转下一张幻灯片 重复按钮 时间累计按钮 暂停按钮 当前幻灯片用时按钮

2）简答题

（1）用户自定义放映幻灯片需要在"幻灯片放映"选项卡的"开始放映幻灯片"组中,单击"自定义幻灯片放映"按钮,打开"自定义放映"对话框。在此对话框中选择"新建"按钮可以设置需要放映的幻灯片顺序,实现自定义放映操作。

（2）定位幻灯片的放映需要用户进入幻灯片放映界面,然后在放映幻灯片上的任意位置右键单击鼠标,将打开放映控制列表。从中选择定位至幻灯片命令,在展开的列表中可以选择要定位放映的幻灯片。

（3）在幻灯片中录制旁白需要用户在功能区"幻灯片放映"选项卡的"设置"组中选择"录制旁白"命令,打开"录制旁白"对话框。在此对话框中,用户可以实现录制旁白的相关操作,如显示录音的质量、磁盘空间和记录旁白的最长时间。设置完成后,单击"确定"按钮即可。

3）上机题

略

8

1）填空题

（1）横向　　纵向　　（2）审阅　　（3）Office

2）简答题

（1）打包演示文件为 CD 需要用户单击"Office 按钮"，在打开的"Office 菜单"中选择"发布"选项，从中选择"CD 数据包"选项，打开"打包成 CD"对话框。在此对话框中即可实现打包操作。

（2）将文件打包成 CD 后，用户可以通过双击"PPTIEW"文件，浏览用户制作的动画演示文稿的整个效果。

（3）将制作好的演示文稿发布为网页，需要用户单击"Office 按钮"，在打开的"Office 菜单"中选择"另存为"命令，将打开"另存为"对话框，选择保存文件的格式为网页格式（＊.htm 或 ＊.html），然后单击"发布"按钮。打开"发布为网页"对话框，用户可设置相关选项来实现将演示文稿发布为网页的操作。

3）上机题

略

9

1）填空题

（1）自定义动画任务　　（2）设计

（3）进入式动画　　强调式动画　　退出式动画　　动作路径式动画　　（4）插入

2）简答题

（1）在幻灯片中选择需要设置动画的图片，然后在功能区"动画"选项卡的"动画"组中选择"自定义动画"命令，打开"自定义动画任务"窗格，单击"添加效果"按钮，从列表中选择进入特效即可。

（2）在幻灯片中录制旁白需要在功能区"幻灯片放映"选项卡的"设置"组中选择"录制旁白"选项，打开"录制旁白"对话框。在此对话框中可以实现录制旁白的相关操作，如显示了录音的质量、磁盘空间和记录旁白的最长时间，设置完成后，单击"确定"按钮即可。

（3）在幻灯片中选择需要设置超链接的图形，在功能区"插入"选项卡的"链接"组中选择"超链接"选项，打开"编辑超链接"对话框。在此对话框中选择相应的链接对象为图片，即可实现为图形对象设置图片的超链接操作。

3）上机题

略